초중등 과학 상식 필수편

꼭 알아야 할
빛의 과학 상식

디아스포라(DIASPORA)는 독자 여러분의 책에 관한 아이디어와 원고 투고를 기다리고 있습니다. 디아스포라는 전파과학사의 임프린트로 종교(기독교), 경제·경영서, 일반 문학 등 다양한 장르의 국내 저자와 해외 번역서를 준비하고 있습니다. 출간을 고민하고 계신 분들은 이메일 chonpa2@hanmail.net로 간단한 개요와 취지, 연락처 등을 적어 보내주세요.

초중등 과학 상식 필수편

꼭 알아야 할
빛의 과학 상식

–

초판 1쇄 발행 2024년 10월 29일

–

지은이 윤 실
발행인 손동민
디자인 김미영

–

펴낸 곳 전파과학사
출판등록 1956. 7. 23. 제 10–89호
주　소 서울시 서대문구 증가로18, 204호
전　화 02-333-8877(8855)
팩　스 02-334-8092
이메일 chonpa2@hanmail.net
공식 블로그 http://blog.naver.com/siencia

ISBN 978-89-7044-684-4 (03420)

초중등 과학 상식 필수편

꼭 알아야 할 빛의 과학 상식

　과학을 좋아하는 청소년들의 머릿속은 자연현상에 대한 신비와 의문으로 가득하다. 게다가 매일 새로운 의문들이 생겨난다. 좋은 의문과 질문은 훌륭한 대답보다 더 값지다. 왜냐하면 지금 머릿속에 있는 훌륭한 의문이 미래 세계를 창조하는 힘이 될 것이기 때문이다. 그중 상당수의 질문은 답이 간단하지만, 어떤 질문은 전문학자들조차 답을 찾는 데 오랜 시간이 걸리며, 어떤 질문은 현재 연구 중이거나 지금까지 누구도 떠올리지 못한 신선한 것이기도 하다.

　청소년의 의문은 꼬리에 꼬리를 물고 끝없이 생겨난다. 번개가 왜 치는지, 벼락이 왜 떨어지는지 그 원인에 대한 궁금증부터 공룡이 사라진 이유에 이르기까지 분야와 범위는 끝이 없다. 또 현재의 현상에 대해서만이 아니라 아득한 미래의 세계까지 알고 싶어 한다.

　질문의 해답을 인터넷에서 찾을 때도 있지만, 인터넷에 흩어진 정보들이 머릿속을 더 혼란스럽게 하기도 하고 설명에 오류가 있거나 이해하기 어려운 경우도 많다. 과학에 대한 의문과 대답을 다루는 과학책은 무수히

4

많다. 과학이 진보함에 따라 질문도, 대답도 달라진다. 현재 서점이나 도서관에 꽂힌 과학서들은 과거의 내용을 담은 경우가 많다.

과학기술은 매우 빠르게 발전한다. 오늘 옳다고 밝혀진 것이 내일 바뀌는 경우가 허다하다. 가령 공룡이 사라진 원인이 거대한 운석 충돌 때문이라는 현재의 이론이 훗날 바뀔지도 모르는 일이다. 우주과학의 발전에 따라 새로운 천체와 천문현상이 발견되면서 이론이 바뀌기도 한다.

청소년의 질문에 대한 답을 깊이 있게 설명하면 오히려 독서를 포기하기 쉬워 이 책은 독자 눈높이에 맞춰 궁금증을 최대한 만족시키는 데 중점을 두고 있다. 과학 이면의 이야기를 비롯해 간단한 실험을 소개하고 필요한 사진과 그림 설명을 넣어 이해를 도우려 노력했다. 청소년 독자들이 과학자의 꿈을 키우는 데 이 책이 양식이 되기를 희망한다.

윤실

차례

2장   빛의 신비한 성질   ✳

4장   생명체의 색채와 시각의 신비   ✳

빛의
자연현상과 신비

✳

맑은 날의 낮 하늘은 왜 푸르게 보일까?

하늘의 색깔은 잘 변한다. 푸르던 하늘은 구름이나 안개가 끼면 회색으로 바뀌고, 저녁이 되면 주황색 노을빛으로 바뀐다. 일출 때의 동녘 하늘빛도 다양하다. 가을 하늘은 여름보다 더 푸르게 보이기도 한다. 청소년들이 가장 흔히 묻는 질문도 "하늘은 왜 푸를까?"이다. 놀랍게도 이 질문에 대한 답은 아직 명확하지 않다. 빛(광자)의 성질을 과학자들이 완벽히 파악하고 있지 못하기 때문이다.

간단한 질문이라도 대답하기가 까다로울 때가 있는데 이 경우가 그렇다. 과학자들은 하늘이 왜 푸른색을 띠는지 오랫동안 답을 찾지 못했고 여러 가지 이론을 세우며 해명에 몰두했다. 현재 가장 널리 인정받고 있는 답은 약 1세기 전 영국의 과학자 존 레일리 남작(John Rayleigh, 1842-1919)이 내놓은 이론이다.

태양 빛은 다양한 파장의 빛이 합해진 백색광이므로 하늘도 흰색이어야 한다. 그럼에도 푸르게 보이는 이유는 푸른빛이 눈으로 더 많이 들어오기 때문이다. 그렇다면 왜 청색광이 눈에 더 많이 들어올까? 1899년 레일리 남작은 하늘이 푸르게 보이는 이유에 대해 다음과 같은 설명을 내놓았다.

"태양 빛이 대기 중에 들어와 공기의 분자와 부딪히면 공기 분자는 빛 에너지를 흡수하여 광자를 다시 방출한다. 이때 청색 광자 8개와 붉은색 광자 1개가 방출된다. 공기 분자가 방출하는 빛에는 모든 색의 광자가 다 들어 있지만, 청색 광자가 붉은색보다 8배 많으므로 인간의 눈이 다른 빛 보다 청색을 더 강하게 감지하는 것이다. 하늘빛이 순수한 청색이 아닌 이 유는 이처럼 다른 색의 광자도 일부 포함되어 있기 때문이다."

레일리 경의 주장과 다른 이론도 있다. "물방울이나 대기 중 오존은 붉 은빛을 흡수하고 푸른빛만 통과시키는 성질이 있다. 그래서 하늘이 푸르 게 보이는 것이다." 그러나 이 대답도 완전하지는 않다.

2

아침과 저녁 하늘이 붉은 이유는 무엇일까?

거울에 비친 빛은 반사된다. 이때 입사각과 반사각은 항상 같다. 이를 '빛의 반사 법칙'이라 하며 고대로부터 전해져 오고 있다. 빛의 반사 법칙 에 따라 잔잔한 호수 표면에는 산이나 구름, 나무의 모습이 거꾸로 비친 다. 반사가 일어날 때 일부 빛은 같은 각도로 반사되지 않고 여러 각도로 흩어져 반사되는데, 이를 '분산반사' 또는 '산란'이라 한다.

낮 동안 푸르게 보이던 하늘이 저녁에는 붉은색으로 변한다. 백색이던 태양도 황색에서 적색으로 변한다. 파장이 짧은 보라색과 청색 빛은 파장이 긴 황색이나 적색 빛보다 더 잘 산란된다. 이 산란 현상을 '레일리 산란'이라 한다.

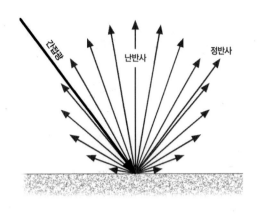

그러나 일출 때나 일몰 때는 태양이 기울어져 있어 태양 빛은 낮 동안 훨씬 더

분산반사 정반사와 난반사(산란)를 나타낸다.

두꺼운 대기층을 통과하게 된다. 이때 대기층과 수증기는 파장이 짧은 청색 빛을 더 많이 흡수하고, 파장이 긴 황색과 적색 빛은 대기층을 통과해 눈으로 들어온다. 따라서 이 시간에는 하늘도 태양도 주황색으로 보인다. 주황빛은 동이 트는 아침 하늘에서도 볼 수 있지만 사람들은 저녁노을 빛을 더 잘 기억한다.

3
깊은 바다, 계곡의 물, 두꺼운 유리는 왜 청녹색으로 보일까?

바닷물만이 아니라 계곡의 맑은 물도 깊으면 연한 푸른색으로 보인다. 선조들은 계곡의 푸른 물을 '벽계수(碧溪水)'라고 불렀다. 깊은 계곡의 물빛이 푸르면 오염되지 않은 깨끗한 물임을 알 수 있다.

순수한 물이나 유리는 빛이 투과하는 투명체다. 그러나 물(유리)속에는 다른 물질도 미량 섞여 있다. 빛은 다른 물질의 입자들과 충돌했을 때 파장이 긴 붉은색은 통과하거나 흡수되고 파장이 짧은 푸른색 빛은 반사되어 눈으로 들어온다.

수심이 깊을수록 여러 장의 유리가 포개져 두꺼워지면서 이 현상은 심해진다. 계곡물의 푸른빛은 주변 숲에서 비치는 녹색까지 반사해 청록색처럼 보인다.

4
비를 가득 담은 구름은 왜 검게 보일까?

하늘을 덮은 구름의 모양은 다양하다. 성난 말이 달리는 모습처럼 보일 때도 있고, 천국으로 오르는 계단 같은 모양의 구름도 있으며, 너무 희미해 구름으로 보기 어려운 것도 있다. 구름은 그 모양이 순간순간 변한다. 그래서 변덕이 심한 사람을 '구름처럼 잘 변한다'라고 말하기도 한다. 구름은 모양뿐만 아니라 색깔까지 다채롭게 변한다.

구름의 모양은 발생 지역, 바람, 기온, 지나가는 곳의 산이나 지형 등에 따라 달라진다. 바람이 심한 날은 구름이 더 빠르게 변화한다. 어떤 날에는 거대한 비행접시 같은 구름도 보인다. 구름의 모양에 따라 이를 가리키는 전문적인 명칭도 달라진다.

적운은 비를 가득 머금고 있어 소나기나 폭우를 쏟아놓기에 '소나기구름'이라 부르기도 한다. 이 소나기구름은 두께가 10km에 이를 정도로 두꺼워 햇빛을 거의 통과시키지 못한다. 이 구름 속에는 굵은 물방울도 가

적운 사람들이 흔히 말하는 '뭉게구름'은 사실 문학적인 표현이다. 기상학적 명칭은 '적운積雲'이다. 적운은 '층층이 쌓인 구름'을 뜻한다. 적운을 멀리서 보면 거대한 솜덩이가 층층이 쌓인 모습처럼 보인다. 적운은 규모가 크고 물방울을 많이 머금은 구름이다.

득하다. 커다란 물방울은 빛을 더 잘 흡수해 구름에서 반사되어 오는 빛이 적어 더 검게 보인다.

여름에는 대기 중에 습기가 많아 거대한 소나기구름(적(란)운)이 형성된다. 적운은 층이 두텁고 큰 물방울이 많아 태양 빛이 잘 투과하지 못하므로 가까이 왔을 때 먹구름으로 보인다.

5

그림자는 왜 생길까?

어디든 늘 함께 다니며 가까이 지내는 사람과의 관계를 '그림자처럼 붙어 다닌다'라고 표현한다. 그림자가 생긴다는 것은 빛이 있다는 뜻이다. 빛이 없으면 그림자가 생길 수 없다. 빛과 그림자는 반대말이기도 하다.

　태양이 만든 그림자의 맨 가장자리는 빛의 회절현상으로 생기는 희미한 그림자(반그림자)다.

그런데 창유리나 맑은 물은 그림자를 만들지 않는다. 유리와 물은 빛을 통과시키기 때문이다. 빛이 전부 투과하는 물체는 '투명체'라 한다.

대부분의 물체는 빛을 가로막고 반사만 한다. 이런 물체는 '불투명체'라 한다. 한편, 우윳빛 유리처럼 일부 빛만 투과하는 물체는 '반투명체'라 한다. 반투명체를 거친 빛은 희미한 반(半)그림자를 만든다.

태양은 매우 멀리 떨어져 있으므로 태양에서 오는 빛은 평행광선이다. 태양 아래쪽을 보면 가장자리에 약간 희미한 반그림자가 생기는 것을 볼 수 있다. 반대로 백열전구 아래에서는 반그림자가 훨씬 크게 생긴다.

그림자가 광원 반대쪽에만 생기는 이유는 빛이 직진하기 때문이다. 불투명체의 그림자에서 중간 부분에는 짙은 그림자(본그림자), 가장자리에는 회색의 옅은 그림자(반그림자 또는 주변 그림자)가 생긴다.

책을 태양 빛에 비추어 그림자를 관찰하면 책 가장자리를 따라 반그림자가 아주 조금 생기는 것을 볼 수 있다. 전등불에 책을 비췄을 때 생기는 반그림자는 훨씬 크다. 이처럼 태양처럼 광원이 크면 반그림자는 작게 생기고, 전등처럼 광원이 작으면 반그림자가 크게 생긴다.

6

번개가 형성되는 이유는 무엇일까?

뇌운(雷雲, 번개구름)에 고압의 정전기가 발생하는 이유는 확실히 밝혀지지 않았다. 하지만 알려진 바에 따르면 정전기가 형성되는 부분은 상승 기류가 고속으로 올라가는 뇌운의 중심부다. 이곳은 기온이 −15~−25℃로 여기서 '싸락눈'이라 불리는 얼음 입자가 형성된다. 이 입자는 상승하면서 더 커지고 무거워진다.

확대된 싸락눈은 무게 때문에 아래로 낙하하고, 하강하는 싸락눈은 아래로부터 위로 상승하는 작은 얼음 입자들과 충돌(마찰)해 얼음에서 전자(음(-)전하)들이 떨어져 나온다. 이 과정에서 뇌운 아래의 싸락눈은 음전하

트리에스테 번개 사진 이탈리아 트리에스테^{Trieste} 해변에서 촬영된 번개는 환상적으로 아름답다. 번개는 인간을 비롯한 대자연의 생명체에 막대한 이익을 안겨 주기도 하지만 동시에 위험이 되기도 한다. 스마트폰을 고정해 두고 동영상을 촬영하면 이런 번개 사진을 얻을 수 있다.

를 띠게 되고, 구름 상층부의 얼음 입자는 양(+)전하를 띠게 된다.

가장 많은 인명 피해를 초래하는 자연재해가 바로 낙뢰(落雷)다. 전 세계에서 매년 약 24,000명이 낙뢰로 목숨을 잃고, 화상을 입는 사람은 이보다 더 많다.

기상학에서 번개를 연구하는 분야를 '번개학(fulminology)'이라고 한다. 번개 과학자들의 보고에 따르면 번개는 전 세계에서 1초에 약 44회(연간 약 14억 회) 발생한다. 번개는 마른하늘에서 치기도 하고, 화산 구름, 원자 폭탄 구름 속에서도 나타난다.

번개의 75%는 구름과 구름 사이에서 발생하며, 구름과 지면 사이에서 발생하는 번개는 약 25%이다. 지구상에서 번개가 빈번히 발생하는 곳은 뇌우가 자주 쏟아지는 열대지방(약 70%)이다. 여름에 자주 볼 수 있는 솜덩

섬전암 번개가 만들어 낸 풀구라이트의 모습과 크기. 풀구라이트의 크기, 색, 형태는 암석의 성분과 번개의 전압에 따라 달라진다. 큰 것은 대체로 길이가 20cm를 넘는다. 번개는 지하 15m 깊이까지 내려가 풀구라이트를 형성하기도 한다. 현재까지 발견된 최대의 풀구라이트는 플로리다 북부에서 찾아낸 4.9m짜리다.

이 같은 구름은 보기에는 아름답지만 대부분 정전기(전자)를 가득 지닌 뇌운이다.

구름과 지면 사이에서 방전이 일어날 때 불운하게도 현장에 있던 사람이나 가축이 해를 입는 경우가 자주 발생한다. 번개의 전력은 일반적으로 약 1,000,000,000,000W(1테라와트)이고 번개가 치면 주변 공기는 순식간에 태양 표면 온도의 5배인 약 30,000℃까지 오른다.

번개의 전기가 흘러 온도가 갑자기 높아지면 주변 공기가 급팽창해 폭죽이 터지는 듯한 큰 뇌성이 울린다. 해변의 모래가 이 번개에 노출되면 순식간에 녹아 '풀구라이트(fulgurite, 섬전암)'라 불리는 암석이 된다.

7

번개는 왜 지그재그로 가지를 뻗어나갈까?

구름 속 전기가 땅으로 흘러들면 구름이 갖고 있던 정전기는 없어진다. 이를 '방전(放電)'이라 한다. 번개는 처음에 구름에서 굵은 '빛의 줄기'를 만들며 지상으로 흐르지만, 곧 내려온 길을 따라 지상의 전기가 구름으로 흐르는 현상이 나타난다. 기상학자들은 구름에서

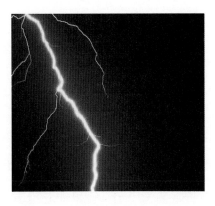

번개 가지   지상으로 내려오는 선행방전 줄기 주변에 번개 가지들이 뻗어 나간다. 번개의 많은 부분이 아직 미지의 영역으로 남아 있다.

땅으로 흐르며 일어나는 방전을 '선행방전(先行放電)', 땅에서 구름으로 흐르며 일어나는 방전은 '복귀방전(復歸放電)'이라고 부른다.

번개는 엄청난 전기 에너지(수억 볼트)를 지니고 있어 방전이 일어나면 빛과 열이 발생하고 천둥이 친다. 번개가 칠 때 생기는 수많은 '불의 가지'는 고압 전류가 흘러나갈 길을 찾는 과정에서 생기는 것이다.

8

번개를 우주에서 보면 어떤 모습일까?

폭풍, 폭우, 우박을 동반한 번개로 인한 피해 소식이 뉴스에 자주 등장한다. 과학자들은 번개의 미스터리를 아직까지 시원하게 해명하지 못하고 있다. NASA 과학자들은 우주에서 발견한 번개를 다음과 같이 소개한다.

과거에는 지상에서, 또는 비행기를 타고 뇌운 속을 지나가면서 번개를 정밀하게 관찰했다. 그러나 국제우주정거장(International Space Station, ISS)이 생기면서 과학자들은 우주에서 장기간에 걸쳐 지상의 번개를 관측할 수 있게 되었다.

NASA 과학자들은 ISS에서 '블루젯(blue jet)'이라 불리는, 유난히 푸른 번개를 목격했다. 거의 모든 번개는 뇌운에서 지상으로 뻗어 나가지만 블루젯은 훨씬 높은 성층권(대류권 위 10~50km 상공의 높은 대기권)의 구름에서 지상으로 뻗어 나가는 번개다. 이 블루젯은 뇌운에서 형성된 번개의 색(백색)과 차이가 있다. 과학자들이 알아낸 바에 따르면 성층권의 구름에서 방사된 번개가 푸른색인 이유는 성층권에 질소가 많아 고압 전류가 질소를

블루젯 성층권 구름에서 형성된 푸른색 번개(블루젯)가 지상으로 방사되는 모습이 ISS에서 촬영되었다. 그전까지만 해도 과학자들은 블루젯의 원인을 설명하지 못했지만 2019년 2월 ISS에서 블루젯을 관측하면서 의문이 조금씩 풀리게 되었다. 16km 상공에서 방사된 블루젯은 1,000만분의 1초 동안 번쩍였고, 52km 상공에서 생겨난 블루젯은 약 2분의 1초 동안 지속됐다.

이온화시켜 푸른빛을 내기 때문이다.

NASA는 1990년대에 '페르미 감마선 우주망원경'을 쏘아 올려 초신성 등에서 방사되는 우주 감마선(붉은색으로 표현)을 관측하던 중 한 영상에서 대기권에서 방사된 감마선(노란색으로 표현)을 발견했다. 이 낯선 현상을 조사한 과학자들은 지상 11~14km 상공에서 초고압 번개가 칠 때 감마선이 방사된다는 사실을 알게 됐다. 이를 '지구감사선폭발(Terrestrial Gamma-ray Flashes, TGFs)'이라고 부르며, 지구에서는 하루에 약 1,100회 일어나는 것으로 알려져 있다.

NASA의 목성 관측 위성인 '주노(Juno)'는 2016년 목성 상공에서 번쩍이는 번개를 최초로 촬영했다. 목성의 대기는 대부분 수소이고 물 분자는 거의 없다. 그런데도 왜 번개가 치는지는 아직 밝혀지지 않았다.

붉은 번개 뇌운에서 지상으로 '붉은 번개$^{Red\ Sprite}$'가 내리칠 때가 있다는 사실이 2013년에 처음 알려졌다. 붉은 번개는 지상에서는 관측되지 않으며 고공을 떠다니는 비행기나 우주선에서 매우 드물게 관찰된다.

9
번갯불은 얼마나 지속되는 걸까?

흔히들 아주 빠르거나 날랜 것을 '번개'에 비유해 표현한다. 번개의 속도는 초속 약 220,000km이고, 눈에 보이는 시간은 겨우 3,000만분의 1초라고 한다. 인간의 눈은 잔상(殘像) 효과 때문에 빛이 사라진 뒤에도 이를 감각하는 것처럼 느낀다. 과학자들은 번개를 붙잡아 전기 에너지로 이용하는 방법을 찾고 있지만 워낙 위험한 연구라 그다지 진척은 없다.

번개가 번쩍이는 건 순간이지만 이따금 비교적 긴 시간 동안 빛을 발하기도 한다. 지금까지 기록된 가장 긴 시간은 2019년 4월 4일 아르헨티나에서 관측된 16.73초였다.

10

야외에서 벼락 맞을 위험은 얼마나 될까?

뇌운이 크게 발달하면 구름의 음전하가 지상으로 내려오면서 양전하를 유도(誘導)한다. 이 두 전하가 만나는 순간 벼락이 떨어질 수 있다. 이때 야외에 있다면 온몸이 양전하로 충전될 수 있다. 그러면 머리카락 전부가 양전하를 띠면서 '같은 전하끼리 서로 떠밀어' 머리카락 전체가 뻣뻣이 선다. 야외에 있을 때 이런 현상을 목격하면 즉시 하던 일을 중단하고 안전한 곳으로 피신해야 한다. 특히 들판에서 일을 하거나 낚시, 야영 등 야외 활동 중일 때 번개가 치고 1초 뒤에 천둥이 울린다면 위험한 상황이 생길 수 있으므로 즉시 피해야 한다. 일반적으로 번개가 치고 30초 이내에 천둥소리가 들리면 위험하므로 피해야 한다.

세계적으로 매년 약 24,000명이 번개로 목숨을 잃는다. 번개가 칠 때 우리가 모르는 사이에 매우 위험한 상황에 놓일 수 있다는 말이다. 골프장 등에서는 대기 중 정전기 양을 측정하는 감지기를 설치해 상공의 정전기 양이 일정 수준 이상 올라가면 사이렌을 울려 벼락 위험을 예고하고 안정될 때까지 일시적으로 게임을 중단시키기도 한다.

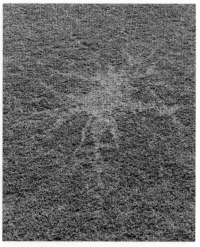

맨땅 번개 　이따금 골프장에 번개가 떨어질 때도 있다. 골프장 잔디가 번개 때문에 지그재그 형태로 노랗게 변색됐다.

11

번개의 전압은 몇 볼트일까?

　적운(뭉게구름) 또는 적란운(소나기구름)이라 불리는 구름의 머리는 산봉우리처럼 솟아 있다. 이 구름에는 소나기를 쏟을 수 있는 많은 빗방울이 담겨 있다. 소낙비(폭우)는 소나기구름에서 맹렬하게 내리는 비다. 뇌운은 번개가 칠 만큼 전기를 많이 띤 구름을 말한다.

　'볼트(volt)'는 전압을 나타내는 단위로 전압이 높을수록 큰 에너지를 가진다. 가령 물탱크에 물이 가득 담겨 있을 때는 수압이 높지만, 탱크 바닥에 조금 남아 있을 때는 수압이 낮다. 전기도 마찬가지다. 전압이 높으면 높은 댐의 물이 그렇듯 강한 힘으로 흐른다. 직접 측정하기 어려울 만큼 전압이 높아 과학자들은 이론상으로만 수천만 볼트에 이를 것이라고 추측하고 있다.

우주에서 오는 입자들을 '우주방사선'이라고 부르지만, 실은 선(ray)이 아니라 높은 에너지를 가진 입자들이다. 우주방사선은 별이 폭발할 때 수없이 생겨나며 대다수가 양성자다.

지금까지 뇌운의 전기는 기구(氣球)를 이용하거나 비행기를 타고 측정했다. 하지만 이 방법들은 구름의 한쪽 귀퉁이만 측정하기에 뇌운 전체의 전압 측정은 불가능했다.

인도 기초과학연구소의 물리학자 수닐 굽타(Sunil Gupta)와 그의 연구팀은 인도에서 발생하는 폭풍우의 구름에서 형성되는 전압을 '뮤온(muon)'

10억 볼트 번개의 전압은 13억 볼트에 이르기도 한다. 이 고압 전류의 전압은 측정이 어려워 특별한 방법으로 조사한다.

이라 불리는, 음전기를 지닌 소립자를 이용해 최초로 측정했다. 그러자 놀랍게도 지금껏 예상한 전압보다 10배나 높은 13억 볼트로 밝혀졌다.

12

번개가 치면 왜 라디오에서 잡음이 들리는 걸까?

번개가 심하게 치면 라디오에서 잡음이 발생한다. 번개의 고압 전류 때문에 고에너지를 가진 전자기파(주로 감마선)가 대량 발생하기 때문이다. 요즘에는 번개가 번쩍일 때 대량 발생하는 감마선을 수백 킬로미터 떨어진 우주에서 감마선 망원경으로 탐지해 번개의 성질을 연구하기도 한다. 흡사 X선으로 인체 내부를 검사하는 것과 비슷하다.

13

번개가 칠 때 자동차 안에 있으면 안전할까?

벼락이 칠 때 자동차 안에 있으면 안전한 이유가 '자동차가 효과적인 절연체인 고무 타이어 위에 있기 때문'이라고 생각한다면 틀렸다. 이 논리가 옳다면 자전거를 타고 있어도 안전해야 한다. 그러나 번개가 심할 때는 들판이나 강변에서도 자전거를 타지 말아야 한다.

자동차가 번개에 안전한 이유는 자동차 전체가 금속으로 덮여 있기 때문이다. 금속으로 둘러싸인 구조를 '패러데이 새장(Faraday cage)' 또는 '패러데이 차폐(Faraday shield)'라고도 한다. 자동차나 비행기, 엘리베이터, 전자레인지 내부가 그 예다. 패러데이 새장에서는 전류가 금속을 따라 겉으로만 흐르고 내부로 들어가지 못한다.

엘리베이터 안에서 끊어지는 휴대전화

패러데이 새장은 영국의 화학자이자 물리학자인 마이클 패러데이(Michael Faraday, 1791~1867)가 1836년에 처음 만들어 실험으로 증명했다. 패러데이 새장 내부에는 전류만 흘러들지 못하는 것이 아니라 전자기파도 흘러들지 못한다. 가령 전자기파가 외부로 나가지 못하고 외부 전자기파가 안으로 들어오지 못하는 엘리베이터 안에서는 전화가 작동하지 않는다. 전자레인지도 금속으로 둘러싸여 있어 내부에서 발생한 마이크로파가 밖으로 새어 나가지 못한다.

비행기가 고압의 정전기가 발생하는 구름 속을 통과해도 안전한 이유는 비행기 내부가 패러데이 새장이기 때문이다. 구름 속 정전기가 비행기 동체로 흘러들더라도 전류는 금속 동체를 따라 겉으로만 흐르므로 내부에는 영향을 주지 않는다. 아주 드물게 비행기가 벼락을 맞을 때도 있지만 승객들은 구름의 정전기로부터 전혀 해를 입지 않는다.

패러데이 새장을 닮은 정보기관

중요한 메모리가 저장된 컴퓨터와 데이터 센터도 패러데이 새장 구조로 배치해 외부의 전자기파가 흘러들어와 메모리가 파괴되는 일이 없다. 국가 기밀을 관리하는 정보기관도 건물 둘레를 금속으로 감싸 내부의 통신파가 외부로 새어 나가지 못하도록 설계한다.

패러데이 새장　금속으로 둘러친 철망 속이 패러데이 새장이다. 밴더그래프 실험을 할 때 패러데이 새장 안에 있는 사람은 수만 볼트의 고압 전류가 유도돼도 전류가 철망을 따라서 흐르므로 안전하다.

14
번개는 인류에게 피해만 주는 걸까?

　번개의 빛과 천둥소리에 공포를 느끼거나 피해를 경험한 사람은 번개가 탐탁지 않겠지만, 자연은 인간의 기술로는 불가능한 규모의 정전기를 방전시키는 방법으로(번개 현상) 대기 중 질소와 산소를 반응시켜 질소비료 성분(NO, NO_2, NO_3)을 대량 합성하고 있다.

　번개 현상 없이는 지구상의 식물이 질소비료를 충분히 공급받지 못한다. 자연이 '지구 농장'의 식물과 지구에 서식하는 모든 생명체에게 번개라는 물리적 현상으로 영양분을 공급한다고 봐도 무방하다.

2021년 NASA 과학자들이 발표한 내용에 따르면 번개가 칠 때 두 종류의 특별한 산화제가 생성되는데 이 물질이 공해물질을 파괴해 대기를 정화한다고 한다. 번개가 생산하는 산화제는 OH와 HO_2이다.

HO_2는 생소해 보일 것이다. OH와 HO_2는 대기 중 수백억분의 1 정도로 지극히 소량 존재하지만, 주변의 다른 공해물질(메탄가스, 일산화질소 등)과 순간적으로 화합(산화반응)해 무해한 상태로 분해하는 성질을 갖고 있다.

15
쇠망치로 돌을 치면 왜 불꽃이 튈까?

'열(熱, heat)'은 체온을 의미하기도 하고 기온을 의미하기도 한다. '불꽃'도 두 가지 의미가 있다. 돌을 치거나 그라인더로 칼이나 도끼를 갈 때 불꽃(스파크)이 튀는 이유는 돌이나 쇠 분자가 심한 마찰로 인해 운동에너지가 열에너지로 변하면서 빛이 나올 만큼 온도가 높아지기 때문이다.

반면, 촛불은 기체가 연소할 때 생기는 불꽃(화염)이다. 양초는 고체, 램프의 석유는 액체이지만 일단 기체 상태가 되어 산소와 화학반응을 하면 기체 분자가 뜨거워져 빛(화염)을 낸다.

나무나 석탄은 고체이지만 연소하면서 생기는 불꽃은 해당 고체에 포함된 기체(가연성 기체)가 타면서 나타나는 것이다. 가연성 기체가 모두 타버린 숯불이나 석탄불은 불꽃 없이 열과 빛만 낸다.

초승달의 그늘진 부분은 왜 희미해 보일까?

달에서 본 지구 달에서 바라본 지구의 모습이다.

달은 초승달, 반달, 보름달로 모양이 변하는 것처럼 보이지만 지구에서 그렇게 보일 뿐 실제로는 형태가 변하는 것이 아니다. 실은 태양과 지구와 달의 위치가 달라지면서 나타나는 현상이다.

실내 전등불만 밝히고 다른 불은 끈 상태에서 테니스공을 전등 쪽으로 들어 공을 바라보자. 전등은 태양, 공은 달, 머리는 지구라고 가정한다. 이때 공의 그늘진 부분만 보이는데 이것이 그믐달에 해당한다.

반대로 전등을 등 뒤로 하고 공을 들어 바라보면 공 전체가 밝게 보인다. 이는 보름달에 해당한다. 전등과 직각으로 공을 두고 바라보면 공의 절반은 밝게 보이고 반은 그늘이 지는데 이는 반달에 해당한다.

달은 스스로 빛을 내지 않는 천체인데도 지구에서 달이 보이는 이유는 달 표면에 태양 빛이 반사돼 지구에 도달하기 때문이다. 반대로 달에서(또는 우주선에서) 지구를 바라보면 푸른 빛을 띤 아름다운 천체로 보인다. 우리가 의식하지 못할 뿐 지구 표면에 태양 빛이 반사돼 다시 우주로 돌아가기 때문이다.

쾌청한 날 반달보다 작은 달을 자세히 보면 그림자 부분의 달이 희미하게 보인다. 이는 지구 표면에서 반사된 빛이 달 표면에서 다시 반사되어 지구에 도달하기 때문이다. 그러나 달이 반달 이상의 크기가 되면 달빛이 너무 밝아 그림자 부분이 안 보인다.

월식과 일식이 일어나는 이유는 무엇일까?

지구와 달이 태양 주위를 공전하면서 태양-지구-달 순으로 일직선상에 놓이면 월식이 일어난다. 이런 직선 배열은 보름(음력 15일)일 때 일어나지만 대체로 완벽한 직선을 이루지 않기 때문에 월식 현상이 자주 나타나지는 않는다.

그러나 때때로 지구의 그림자가 우주공간으로 드리울 때 달이 이 그림자를 지나가면 월식이 나타난다. 월식과 일식의 '식(蝕)'은 '벌레가 갉아먹다'라는 뜻이다. '개기월식(皆旣月蝕)'의 '개기(皆旣)'는 '모두', '얼마 동안'을 뜻한다.

개기월식 때 달은 '블러드 문(Blood Moon)'이라고도 부른다. 월식이 11월에 나타나면 '비버 블러드 문(Beaver Blood Moon)'이라고도 부른다. 비버가 물이 얼기 전 물속에 댐을 짓고 겨울 식량인 나뭇가지를 비축하면서 바삐 움직이는 시기이기 때문이다.

일식 현상의 원인

그믐에는 태양-달-지구 순으로 일직선 위에 놓인다. 이때 달은 오전에 태양과 함께 뜨기 때문에 낮에는 보이지 않는다. 이렇게 직선에 놓이면 달이 태양의 일부 또는 전부를 가리는 일식 현상이 일어나고 이 배열이 완벽한 일직선에 가까우면 태양 전부가 가려지는 개기일식 현상이 나타난다.

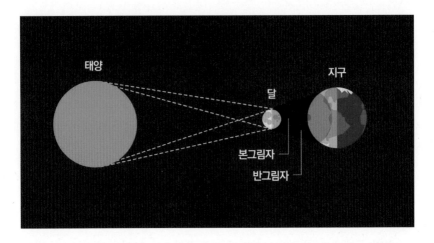

개기일식 일식 때 달이 태양을 가리면 지구에는 반그림자와 본그림자가 생긴다. 그림자는 세 가지 형태로 나타나는데, A에서는 개기일식(완전일식), B에서는 금환^{金環}일식, C에서는 부분일식이 일어난다.

태양-달-지구가 직선을 이루면 달의 그림자가 지구(보라색 원) 표면 일부를 덮으면서 그림자가 생긴 영역에 일식 현상이 나타난다. 회색 그림자 영역에서는 부분일식을, 검은 점 영역(본그림자)에서는 개기일식이 일어난다. 일식이 일어날 때 지구에서는 달의 그림자가 지나가는 벨트에서만 보게 된다.

목성식 목성 둘레에는 여러 개의 달이 있다. 그중 네 개의 달별은 매우 커서 지상에서 작은 망원경으로도 관찰할 수 있다. 이 달들이 목성 앞을 지나가면 그 그림자가 목성 표면에 검은 그림자를 만드는데, 이를 목성식이라 한다. 이 사진은 허블우주망원경이 포착한 한 개의 달과 그 달이 만든 그림자다.

18
월식 때 붉은 달이 보이는 이유는 무엇일까?

대다수는 월식 때 달이 붉어 보이는 이유에 무관심하다. 그 이유를 정확히 설명하는 이도 드물다. 월식은 태양-지구-달 순서로 직선을 이룰 때 나타난다. 반달을 볼 때 나머지 어두운 부분도 희미하게 보인다면 날씨가 아주 맑은 날이다. 이런 날에는 낮에 낮달이 보이기도 한다.

월식 때는 지구에서 반사된 빛이 달에 이르지 못하므로 달이 완전히 어둡게 보여야 한다. 그런데 왜 희미하게 보이거나 붉어 보일까? 월식 때 달은 태양에서 오는 빛이 닿을 수 없는 본그림자에 있다.

고대인들은 지구가 둥글다는 사실을 몰랐기 때문에 일식이나 월식을 신비롭게만 생각했다. 그러나 기원전 3세기경부터 월식 때 그림자가 원형으로 사라졌다가 다시 나타나는 것을 보고 지구가 둥글다고 생각하게 됐다.

달이 지구와 더 먼 거리에서 돌고 있다면 달은 훨씬 작고 어두워 보일

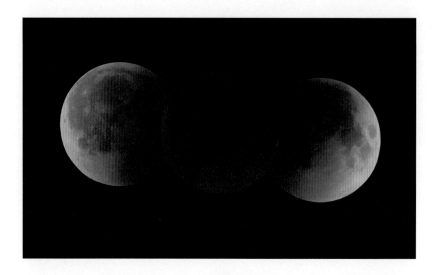

달월식 지구의 그림자 속으로 달이 들어가면 월식이 나타난다. 이 사진은 다중 촬영한 영상을 합성해 만든 것이다. 사진에서 밝은 부분의 달은 태양광이 반사된 것이고, 어두운 부분은 지구가 반사한 광이 달 표면에서 다시 반사되어 온 것이다. 지구를 둘러싼 대기층은 태양 빛을 받아 청색은 산란시키고 붉은색 파장의 빛을 주로 투과한다. 개기월식 때 달 표면이 붉어 보이는 이유는 대기층을 통과한 붉은 파장의 빛이 눈으로 들어오기 때문이다.

것이고 월식은 자주 일어나지 않거나 아예 일어나지 않을 것이다. 반면, 거리가 가까우면 달은 눈부시게 밝고 월식도 자주 일어날 것이며 월식이 지속되는 시간도 늘어날 것이다.

철새는 야간에 별과 달을 보고 이동 방향을 정한다. 월식이 자주 일어나거나 월식이 장시간 지속되거나 달이 너무 작고 어둡다면 철새들은 행로를 가늠하는 데 혼란을 겪을 것이다.

신기루는 왜 나타날까? 낙타나 새도 신기루가 보일까?

사막의 지평선에 갑자기 신록이 우거진 오아시스가 보이거나 바다의
수평선 위에 산이 나타났다가 사라지는 신기한 현상이 나타날 때가 있다.
이를 두고 '신기루(蜃氣樓)를 보았다'라고 말한다. 이처럼 실제로는 없는데
마치 있는 것처럼 보이는 현상을 '신기루 같다'라고 표현한다. 사실 신기루
는 공기층의 변화로 생겨나는 현상이다.

태양이 이글거리는 뜨거운 날 아스팔트를 바라보면 표면에 마치 물에
젖은 듯 물바다가 보인다. 그러나 정작 아스팔트 표면에는 물이 없다. 이
또한 빛과 공기가 만드는 신기루 현상이다.

도로의 신기루　뜨거운 아스팔트 도로 위의 차들이 마치 물 위를 달리는 것처럼 보인다.

뜨거운 태양 빛이 아스팔트 위에 내리쬐면 길 위의 공기 분자는 열기
로 팽창해 밀도가 상부 공기와 크게 달라진다. 이 공기층을 지나는 햇빛은

마치 물속을 지나면서 굴절하듯 휘어지기도 하고 수면에 햇빛이 반사되는 것과 같은 반사 현상도 일어난다. 차창 앞쪽의 푸른 하늘이 아스팔트 위의 뜨거운 공기층에서 반사될 때 눈앞에 물바다가 펼쳐진 것처럼 보이기도 한다.

신기루의 상은 흔히 뒤집힌 상태로 보이기도 한다. 밀도가 다른 대기층에서 반사 현상이 일어나기 때문이다. 수평선 너머로 항해해 시야에서 사라진 배가 마치 구름과 함께 항해하듯 희미하게 시야에 보일 때도 있다.

신기루가 사진에 찍힐 때도 있다. 사람뿐 아니라 동물도 사막에서 신기루를 목격할 것이다. 물 없는 사막에서 새가 신기루를 보고 물로 착각해 사막으로 돌진한다면 어떻게 될까?

모하비 신기루   미국 모하비^{Mojave} 사막에서 촬영된 신기루 영상이다. 이 사막 이름은 스페인어에서 따왔다.

극광(오로라)은 왜 생길까?

우리나라에서는 극광(極光, aurora)을 볼 수 없어 이 신비한 기상 현상을 궁금해하는 사람이 많지 않다. 하지만 북극에 인접한 위도에 사는 주민이나 밤에 북극 가까이 비행하는 사람들은 극광을 흔히 접한다.

밤하늘 허공 속에 다채로운 불빛이 거대한 커튼처럼 펼쳐지는 광경을 영어로 'aurora(오로라)'라고 하는데, 우리말로 '극광'이라고 부르는 이유는 이 신비스러운 빛이 극지방에서 보이기 때문이다. 오로라는 보통 청록색이지만 분홍색과 붉은색이 섞여 있기도 하며 가로 160km, 높이 1,600km의 대규모로 나타날 때도 있다.

극광은 지구 대기층에서 나타나는 빛이지만 태양이 그 원인이다. 태양은 불타는 거대한 가스 덩어리다. 태양을 이루는 가수는 수소와 헬륨으로, 이들 원자의 중심에는 양성자가, 그 주변에는 전자가 맴돌고 있다. 양성자는 양전기를, 전자는 음전기를 지닌다.

태양 표면에는 온도가 100만℃에 이르는, '코로나'라 불리는 뜨거운 가스가 끊임없이 뿜어져 나오는데, 이 코로나에서 양성자와 전자가 우주공간으로 흩어져 나간다. 이 입자를 가리켜 '태양풍'이라 하며 속도는 초속 약 1,000km에 이른다. 혜성의 표면을 녹여 그 가루를 꼬리처럼 뒤로 날리게 하는 힘도 태양풍이다.

태양풍에 포함된 입자는 지구의 자력에 영향을 받아 자성이 강하게 나타나는 남극과 북극 근처로 이끌린다. 지구를 둘러싼 공기는 질소와 산소가 대부분이며, 산소와 질소 원자가 태양풍 입자와 충돌하면 에너지를 얻어 극광의 빛을 내게 된다. 이때 질소 원자는 붉은색을, 산소 원자는 녹색을 발해 신비스러운 광채를 낸다.

극광은 주로 북극에 인접한 나라들에서 관찰되며 연간 20~200회 나타난다. 북극에 가까운 항로를 야간에 비행할 때 관찰되기도 한다. 목성의 북극에서도 거대한 규모의 오로라가 관측되기도 했다.

오로라 오로라는 북극지방에서 볼 수 있으며, 우주가 연출하는 신비로운 밤의 광경이다.

21

햇무리나 달무리가 보이면 왜 비나 눈이 내릴까?

해나 달 주변을 둥근 흰색 테두리가 둘러싸는 광학 현상을 '무리' 또는 '원광(圓光)'이라고 하는데, 태양 주변에 생기면 '햇무리', 달의 둘레에 생기면 '달무리'라고 한다. 영어로는 'halo(헤일로)'라고 한다.

햇무리는 낮에 볼 수 있고, 달무리는 달이 밝을 때 잘 보인다. 무리가 생길 때 해나 달의 앞을 가리고 있는 구름은 권층운(솜털구름)이다. 이 구름은 지상 5~10km 상공에 매우 높이 떠 있고 얼음 입자(빙정)로 이루어져 있다.

이 얼음 입자에서 빛이 굴절되고 반사돼 햇무리가 생긴다. 햇무리나 달무리에 무지개와 비슷한 색채가 나타나는 것은 얼음 입자가 프리즘 역할을 하기 때문이다. 햇무리나 달무리는 태양이나 달 주변뿐만 아니라 반대쪽 하늘에 거대한 원을 그리며 희미하게 생길 때도 있다.

햇무리나 달무리가 보이면 저기압의 따뜻한 공기층이 가까이 다가오고 있다는 신호다. 그래서 8~12시간 후에 비나 눈이 오는 경우가 많다. 대개 세 번 중 두 번은 비나 눈이 오는 것으로 알려져 있다. 무리를 만드는 둥근 테는 해(또는 달)와 약 22°의 각도를 이룬다. 이 각도는 얼음 입자 속에서 빛이 굴절되는 정도를 뜻한다.

22
별빛은 달빛처럼 그림자를 만들까?

대자연을 바라보고 있노라면 태양이 만드는 그림자로 인해 만물이 아름답고 신비스러우며 입체적으로 느껴진다.

그림자는 빛이 있어야 생긴다. 창유리나 맑은 물은 빛이 비쳐도 그림자가 생기지 않는다. 유리와 물은 빛을 통과시키기 때문이다. 빛이 전부 투과하는 물체를 '투명체'라고 한다. 반면, 대부분의 물체는 빛을 가로막아 반사하거나 흡수한다. 이런 물체는 '불투명체'라고 한다. 한편 우윳빛 유리처럼 럼 일부 빛만 투과하는 물체는 '반투명체'라고 부른다. 반투명체를 통과한 빛은 희미한 그림자를 만들어 낸다.

물그림자 　물에 반사되어 나타나는 상도 그림자라고 하지만 엄밀히 말하면 물그림자는 반사광이다.

본그림자와 반그림자

불투명체가 만드는 그림자를 보면 중간 부분은 짙은 그림자(본그림자)가, 가장자리는 옅은 그림자(반그림자 또는 주변 그림자)가 나타난다. 책을 태양 빛에 비춰 그림자를 관찰하면 가장자리를 따라 반그림자가 나타나는 게 보일 것이다. 한편 전등불에 책을 비추면 반그림자가 훨씬 크게 생긴다. 태양처럼 광원이 크면 반그림자는 작게 생기고 전등처럼 광원이 작으면 반그림자가 크게 생긴다.

태양은 거대하고 멀리 있어 빛이 평행광선으로 도달한다. 태양 빛이 만드는 반그림자는 물체의 가장자리에서 회절 현상을 일으키기 때문이다. 물체는 그림자 덕분에 입체적으로 보이고 따라서 대자연도 더 아름답고 장엄해 보인다.

천체의 그림자

태양만 그림자를 만드는 것이 아니다. 달밤에는 달그림자가 생긴다. 그러면 별빛도 그림자를 만들어 낼까? 행성 중 가장 밝은 금성과 목성은 밤에 그림자를 만든다. 하지만 워낙 희미해 그믐밤에도 잘 식별할 수 없다. 별빛의 밝기 등급으로 따질 때 -4등성보다 더 밝으면 그림자가 생긴다. 달의 그림자 속에 지구가 들어가 나타나는 일식과 지구의 그림자 속에 달이 들어가 나타나는 월식은 천체의 그림자 놀이다.

23
무지개는 일곱 가지 색깔뿐일까?

옛사람들은 무지개를 목격하거나 거품 또는 물방울 위에 다채로운 색이 나타나도 태양 빛에 여러 가지 색이 포함되어 있다는 생각은 하지 못했다. 태양 빛의 색에 관한 과학적 연구는 영국의 뉴턴(Issac Newton, 1642~1727)에서 비롯됐다. 그는 프리즘으로 빛을 연구한 최초의 과학자다. 프리즘을 직접 고안하지는 않았지만 1666년 케임브리지 대학 시절 길거리에서 프

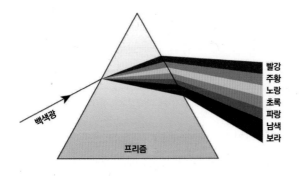

백색광

빨강
주황
노랑
초록
파랑
남색
보라

프리즘

프리즘 색 우리는 무지개색의 순서를 '빨주노초파남보'라고 외운다. 영어권 국가에서는 거꾸로 Violet, Indigo, Blue, Green, Yellow, Orange, Red의 첫 글자를 따 '비브기오르VIBGYOR'라고 한다.

리즘을 발견하고 빛과 색에 대한 연구를 시작한 것이다.

그는 암실의 작은 구멍으로 들어온 빛을 프리즘에 통과시켜 무지개색으로 배열되며 나누어진 빛의 띠를 '스펙트럼(spectrum 색띠)'이라고 불렀다. 그리고 프리즘으로 나누어진 빛을 역삼각형 모양의 다른 프리즘에 통과시키면 하나로 모여 다시 흰빛(백색광)이 된다는 사실을 발견했다.

프리즘으로 나뉜 빛이나 무지개색을 흔히들 일곱 개의 색으로 분류해 각기 이름을 붙여 부르지만, 실제로는 모든 색이 다 들어 있어 색을 엄격하게 구분할 수 없다. 빛의 색은 파장에 따라 다르게 나타난다. 예를 들어 가시광선 중 제일 바깥에 있는 보랏빛은 파장이 짧은(약 400나노미터) 빛이고, 빨강은 약 700나노미터이다.

24

큰 무지개는 왜 쌍무지개일까?

무지개가 뜨는 원인과 쌍무지개가 생기는 이유는 인류의 가장 오래된 의문 중 하나였다. 성경에서는 무지개가 뜨는 이유를 노아의 홍수 사건 이후 '하느님이 다시는 물로 세상을 심판하지 않는다는 약속'이라고 설명한다.

하늘에 거대한 반원을 그리며 나타나는 무지개는 비가 그친 직후 햇살이 비칠 때 가끔 볼 수 있다. 무지개는 구름처럼 떠 있는 것이 아니라 잠시 보이다 사라지는 광학적 현상이다.

무지개가 생기는 원인을 알지 못한 옛사람들은 무지개를 신의 창조물이라 생각했다. 또한 한낮에는 볼 수 없고 아침이나 저녁에 비가 그친 직후 볼 수 있었으므로 무지개가 보이면 비가 그칠 징조라고 생각하기도 했다. 하지만 무지개가 나타난 뒤에도 비가 내릴 때가 있다.

무지개는 다음과 같은 조건이 충족돼야 나타난다.

1. 태양을 등 뒤에 둬야 한다.
2. 태양의 위치가 지평선에 가까워야 한다.
3. 태양 반대쪽 하늘에 비가 내리고 있거나 물방울이 많아야 한다.

무지개는 위쪽부터 빨강, 주황, 노랑, 초록, 파랑, 남색, 보라 순으로 보인다. 가장 위쪽에 있는 붉은색은 밝게 보이지만 아래쪽으로 갈수록 희미하게 보여 맨 아래쪽 보라색은 거의 보이지 않기도 한다.

쌍무지개가 뜨는 이유

무지개는 항상 이중으로 나타나 쌍무지개를 이루는데, 위쪽에 뜬 무지개는 색 배열이 아래쪽 무지개와 반대이고 밝기도 훨씬 약하다. 아래쪽에 생긴 밝은 무지개를 '1차 무지개', 위쪽에 생긴 희미한 무지개를 '2차 무지개'로 구분한다.

무지개가 생기는 원인을 정확히 설명하려면 매우 복잡한 수학이 필요하지만 간략하게 요약하면 공중에 있는 무수한 작은 물방울 속으로 들어간 빛이 큰 각도로 굴절하면서 물방울 내부 뒷면에서 반사돼 눈으로 들어오는 것으로 볼 수 있다. 이처럼 물방울 안에서 일어나는 빛의 반사를 '내부반사'라 한다.

2차 무지개는 물방울 안에서 한 차례 더 반사돼 나타나는 것이다. 1차 무지개는 40~42°를 이루는 반원으로, 2차 무지개는 51~54°를 이루는 반원으로 보인다. 1차 무지개를 보면 좌우 전체 각도는 84°가 될 것이다. 따라서 일반 카메라로 무지개를 촬영하면 한 화면에 전체 모습이 들어오지 않는다. 카메라 렌즈의 초점거리가 19mm보다 짧은 광각(廣角) 렌즈로 촬영해야 전체를 담을 수 있다.

완벽한 원형 무지개

무지개는 공중에 뜬 수억 개의 물방울에서 굴절 반사되어 나온 빛이다. 여러 사람이 함께 무지개를 보는 경우 각각 서 있는 위치가 조금씩 틀리므로 각자 자기만의 무지개를 바라보게 된다.

태양이 밝게 비치는 날 분수가 뿜어 나오는 곳이나 폭포에서 물안개가

둥근 무지개 비행기를 타고 고공에서 무지개를 만날 경우 지상에서 볼 때와 달리 반원이 아닌 둥근 모양으로 보일 것이다.

피어오르는 곳에서나 분무기나 수도 호스로 물을 분사할 때 작고 둥근 무지개가 나타난다.

태양이 지평선에 아주 가까이 있을 때 나타나는 무지개는 대체로 붉은색이다. 빛이 지상의 대기층을 지나는 동안 다른 빛은 흡수되고 붉은색만 통과했기 때문이다. 일출과 일몰 때 태양이 붉어 보이는 이유와 마찬가지다.

25

안개, 구름, 달빛도 무지개를 만들어 낼까?

이른 아침, 물안개가 가득 피어오른 호수에 나타나는 무지개(안개무지개)는 무지개와 비슷한 모양이지만 대체로 흰색을 띠면서 가장자리는 희미하게 확산되는 모습이다. 이 안개무지개도 태양이 뒤에 있을 때 보인다.

안개도 무수한 물방울로 이루어져 있는데 왜 무지개처럼 색이 나타나지 않을까? 안개의 물방울 입자는 빗방울의 1/20~30의 크기로 작기(직경 0.004mm) 때문이다. 물방울이 너무 작으면 빛이 물방울 속으로 들어가기 어렵고 들어간 빛도 내부에서 굴절되지 못해 색이 나뉘지 않는다. 따라서 안개무지개는 모든 색이 합해진 흰색이다. 하지만 안쪽 가장자리는 희미한 청색을, 바깥 가장자리는 붉은색이 도는 안개무지개가 나타나기도 한다.

높은 하늘의 구름 사이에서 무지개를 닮은 둥근 흰빛이 보이면 안개무지개의 일종인 구름무지개다. 구름무지개는 소낙비를 담은 구름에서 종종 볼 수 있다.

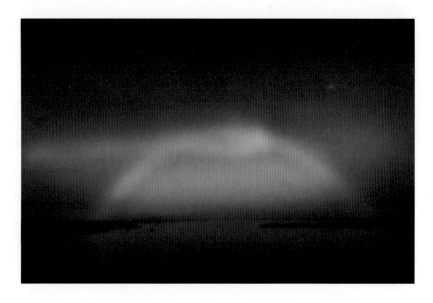

달무지개 북극 아이슬란드에서 포착된 달무지개. 색은 없지만 매우 신비롭다.

　태양이 없는 밤에 뜨는 무지개는 달무지개다. 달무지개는 주로 보름달이 뜬 날 하늘에 빗방울이 많을 때 생겨난다. 달무지개는 태양의 무지개와 마찬가지로 밝은 달빛이 태양 빛처럼 작용할 때 나타난다. 남극이나 북극에 인접한 곳에서는 빗방울이 없어도 안개나 눈의 입자들 때문에 달무지개가 생겨난다.

　남극이나 북극권 바다에서는 우리나라에서 볼 수 없는 광학적 현상이 나타난다. 극지방에 여름이 오면 일몰 때도 해가 수평선 가까이 접근할 뿐 지평선 아래로 지지 않는다. 이처럼 태양이 저고도에 있을 때 안개가 깔려 있으면 안개무지개가 희미하게 나타날 수 있다.

바다, 호수, 강의 은물결은 왜 아침과 저녁에 잘 보일까?

깨끗한 물은 빛을 통과시킨다. 아침저녁에 바다나 호수 수면에서 나타나는 '은빛 물결(銀波)'이나 흐르는 강의 여울물은 햇빛과 달빛을 반사해 보석처럼 반짝인다. 물의 세계가 만드는 아름다운 은파는 한낮엔 보이지 않고 아침과 저녁 시간에 햇살이 비치는 각도가 낮을 때 보인다.

수면에 비치는 빛은 입사각이 48.5°보다 적으면 물속으로 들어가지 못하고 표면에서 전부 반사된다. 이 현상을 물리학에서는 '전반사(全反射)'라고 부르며, 전반사가 일어나는 각도를 '임계각(臨界角)'이라 한다.

임계각보다 큰 입사각으로 들어온 빛은 반사되지 않고 물속으로 들어간다. 잔물결이 햇빛이나 달빛을 반사하는 이유는 임계각이 낮은 시간대

은파 은파는 태양의 각도가 낮을 때 볼 수 있는 아름다운 자연의 빛이다.

에 흔들리는 잔물결에서 전반사가 쉽게 일어나기 때문이다.

달이 중천에 떴을 때나 낮에 바람이 불면 약하게 잔물결이 일렁인다. 이때 물결의 표면 일부가 임계각 이하로 낮아지면서 은파가 나타난다. 낮의 은물결은 아침이나 저녁 시간대처럼 찬란해 보이지 않는다.

햇살이 비치는 이른 아침, 풀잎에 맺힌 물방울은 보석처럼 반짝인다.

풀잎에 매달린 물방울은 왜 보석처럼 반짝일까?

이슬방울 태양이 비치는 각도에 따라 물방울이 반사하는 빛의 상태가 달라진다.

이 보석 물방울은 거미줄에서도 볼 수 있다. 물방울이 보석처럼 반짝이는 이유는 햇빛이 물방울을 통과하면서 볼록렌즈를 지나는 빛처럼 모이기도 하고 오목거울처럼 반사되기 때문이다. 태양을 등지고 볼 때와 태양을 마주하고 볼 때 물방울이 반짝이는 모습도 달라진다. 태양을 마주하고 물방울을 보면 유난히 더 빤짝인다. 물방울이 볼록렌즈 역할을 해서 빛이 한 지점에 집중되기 때문이다.

반면, 태양을 등지고 물방울을 보면 물방울 안으로 들어간 빛 일부가 오목거울에 반사되듯 집중되기 때문에 반짝이는 것처럼 보인다.

28

목욕탕 거울 표면에 비누를 바르면 왜 김이 서리지 않을까?

더운물을 틀어 놓으면 목욕탕 거울 표면이 어느새 수증기로 뿌옇게 덮인다. 이때 거울 표면에 비누를 칠하고 물을 가볍게 뿌려 비눗물을 씻어 내리면 한동안 거울에 김이 끼지 않는다. 비 오는 날이나 추운 날 자동차 유리에 김이 서려 앞이 보이지 않을 때 안개 방지용 스프레이를 뿌리면 김 서림을 장시간 방지할 수 있다.

거울 표면이나 자동차 유리가 뿌옇게 흐려지는 것은 작은 물방울이 유리 표면에 맺혀 마치 우윳빛 유리처럼 빛을 난반사하기 때문이다. 하지만 유리 표면에 비누 성분이 있으면 수증기가 비누와 만나 표면장력이 약해지면서 물방울이 맺히지 않고 전체적으로 고르게 얇은 물의 막이 형성된다. 비누와 물은 아주 친하기 때문이다.

유리 표면에 물방울이 잔뜩 맺히면 물방울이 빛을 사방으로 난반사하지만 물 표면이 매끈하면 마치 고요한 수면처럼 변한다. 하지만 시간이 흘러 비누 성분이 다 씻겨나가면 유리 표면에 다시 김이 서린다. 자동차용 안개 방지 분무액에는 물과 유리를 잘 접촉시키는 비누 같은 세제(洗劑) 성분이 들어 있다. 표면장력이 강한 물 분자는 유리와 잘 접촉하지 않지만, 세제 성분과 반응하면 물이 유리와 잘 접촉해 얇은 막처럼 덮인다.

별은 왜 반짝일까?

〈반짝반짝 작은 별〉이라는 동요 제목처럼 흔히들 별이 반짝인다고 생각한다. 하지만 별은 빛을 발하지 않는다. 대기층의 영향을 받아 반짝이는 것처럼 보일 뿐이다. 아득히 먼 곳에서 출발한 별빛은 지구를 둘러싼 대기층을 통과해 우리 눈에 들어온다. 대기층은 높이에 따라 온도가 다르고 바람에도 영향을 받아 뜨거운 아스팔트 위의 공기처럼 굴절 상태가 일정하지 않고 흔들리기 때문에 반짝거리는 것처럼 보인다.

하지만 우주선을 타고 대기권 밖으로 나가면 공기가 없어져 별은 반짝이지 않는다. 별이 유난히 커 보이고 반짝거린다면 바람이 강해 기류가 크게 흔들리는 기상 상태, 즉 태풍이 지나가고 있거나 가까이 오고 있음을 짐작할 수 있다.

수많은 별 중 밝지만 거의 반짝이지 않는 천체는 수성, 금성, 화성, 목성, 토성과 같은 행성이다. 행성은 지구와 가까워 빛의 흔들림이 적다. 정확히 말해 태양 둘레를 도는 행성들을 '별'이라고 하지 않는다. 스스로 빛을 내는 태양과 같은 항성을 '별'이라고 부른다.

별들은 왜 밝기와 색이 서로 다를까?

사람마다 이름이 있듯 과학자들도 관측 가능한 모든 별에 이름을 붙였다. 유난히 밝아 보이는 별에는 고유의 이름을 붙였고, 어두운 별에는 문자와 번호를 붙였다. 따라서 이름이나 번호를 알면 어느 별자리의 어떤 별인지 알 수 있다.

겨울 저녁 밤하늘에 뜬 오리온자리는 매우 아름답고 잘 보여 찾기도 쉽다. 오리온자리 별 중 유난히 붉고 밝은 별은 '베텔기우스(Betelgeuse)'다. 반면 푸른색으로 밝게 반짝이는 별은 '리겔(Rigel)'이다.

모든 별은 태양과 마찬가지로 엄청난 열과 에너지를 내는 거대한 가스 덩어리다. 개중에는 태양보다 수십 배 더 큰 별도 있다. 이 별은 '초거성'이라고 하며 붉은색으로 보인다. 반면 '백색왜성'이라 부르는 흰빛의 별은 지구와 크기가 비슷할 정도로 작지만 매우 밝은 빛을 낸다.

별의 색이 서로 조금씩 다른 이유는 크기와 표면 온도 때문이다. 붉은색으로 보이는 별은 표면 온도가 3,000℃ 정도로 낮고, 백색왜성은 10,000~50,000℃로 높다. 붉은색일수록 온도가 낮고 청색일수록 고온의 별이다. 우주

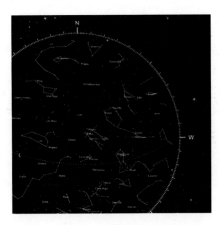

성좌도　별자리지도(성(좌)도)를 보면 별의 위치, 이름과 번호, 밝기 등이 표시돼 있다.

바깥으로 나가 멀리서 태양을 바라보면 약간 황색으로 보이며 다른 별에 비하면 크기와 표면 온도는 중간에 속한다.

　과학자들은 별의 밝기에 따라 등급을 매기는데, 눈으로 보고 판정하기 어렵기 때문에 특별한 광학기구를 사용한다. 별빛의 밝기를 나타내는 등급은 수치가 클수록 어둡고 작을수록 밝은 별이다. 6등성보다 어두운 별은 인간의 육안으로 보이지 않는다.

31
밤하늘은 별과 은하로 가득한데 왜 캄캄할까?

　우주에 수많은 별이 빛나고 있다면 하늘도 밝아야 한다. 하지만 하늘은 낮에만 환하고 밤에는 캄캄하다. 우주공간이나 달에서 하늘을 보면 별이 있는 곳 말고는 낮에도 깜깜하다. 공기가 없기 때문이다.

　지구에서 낮 동안 하늘이 환하게 보이는 이유는 공기 분자들이 수많은 작은 거울처럼 햇빛을 반사하기 때문이다. 해가 뜨지 않는 밤에는 아무리 별이 많더라도 우주공간에 먼지 같은 성간물질이 흩어져 있어 빛을 흡수하고 블랙홀에 흡수되기도 해서 먼 거리의 별빛은 인간의 눈에 도달하지 못한다.

블랙홀은 왜 컴컴할까?

별 중에는 가까운 거리에서 서로 주변을 도는 별(이중성, 삼중성)이 있다. 가까운 거리에 있는 별은 중력이 작용해 서로 붙기도 한다. 여러 별이 한데 뭉치면 엄청난 질량과 중력을 가진 천체가 될 것이다.

이렇게 큰 천체는 중력도 강해져 주변의 별과 성간물질을 계속 흡입하기 때문에 중력이 너무 커져 빛(전자기파)조차 빠져나오지 못하는 천체(블랙홀)가 될 것이다.

우리 은하의 중심부에는 수백만 개의 별을 끌어당겨 형성된 '궁수자리 A* (Sagittarius A*, 궁수자리 A-스타)'라는 블랙홀이 있다. 이 블랙홀은 태양계에 있던 별 430만 개가 뭉친 질량을 가졌으며 지구로부터 26,000광년 떨어져 있고 직경은 6,000만km(지구와 태양의 거리는 약 1억 5,000만km)라고 알려져 있다.

일반상대성 이론에 의하면 블랙홀처럼 거대한 천체는 중력이 너무 커빛(광자)조차 빠져나오지 못한다. 블랙홀 내부의 에너지는 밖으로 나가지 못하며 외부로부터 흡수만 한다. 빛조차 빠져나오지 못한다면 블랙홀은 완벽하게 어두워야 한다. 하지만 2019년 과학학술지 〈네이처(Nature)〉에 따르면 '블랙홀은 완벽하게 어둡지 않고 차지 않다.'

1974년 영국의 천재 물리학자 스티븐 호킹(Stephen Hawking, 1942~2018)은 "블랙홀은 완전히 어둡지 않다."라는 주장을 처음으로 제기했다. 하지만 블랙홀을 직접 관측할 수 없다는 이유로 증명되지 못하던 터였다. 그의 이론에 따르면 블랙홀의 가장자리에서 약간의 빛이 새어 나가는데(원인은 불명확하다), 이렇게 탈출하는 빛에 대한 이론을 호킹이 최초로 세웠다고 해서 '호킹 복사(Hawking Radiation)'라고 한다.

보이지 않는 블랙홀을 어떻게 사진으로 찍을까?

과학자들이 다양한 블랙홀 이론을 제기해 왔지만 실제 블랙홀의 모습은 관찰할 수 없었다. 천문학 관련 서적에 제시된 블랙홀 그림은 실상(實像)이 아니라 이론에 근거한 상상도다.

그러다 2019년 4월 전 세계에서 200여 명의 천문학자들이 참여해 관측한 블랙홀 영상이 최초로 온 세상에 공개됐다. 이 블랙홀은 처녀자리의 '은하 M87' 중심부에 있는 것이었다. 이 영상은 전 세계 여덟 곳의 전파천문대에서 2017년 4월 기상관측 조건이 좋았던 9일 동안 찍은 영상 자료를 약 2년간 슈퍼컴퓨터로 분석하여 완성한 것이었다.

블랙홀사진 처녀자리의 은하(M87) 중심부에 있는 블랙홀을 컴퓨터로 재현한 모습이다.

'블랙홀'이라는 천문학 용어는 오늘날 '모든 것을 빨아들인다'라는 의미의 비유적 표현으로도 널리 쓰이고 있다. 빛조차 빠져나오지 못하는 블랙홀이라는 개념은 1780년대 영국의 존 미첼(John Michell,

1724~1793)과 프랑스의 피에르시몽 라플라스(Pierre-Simon Laplace, 1749~1827)가 처음 구상했다.

1915년 아인슈타인이 상대성이론을 발표하자 이듬해 독일의 물리학자 카를 슈바르츠실트(Karl Schwarzschild, 1873~1916)가 이 이론을 바탕으로 블랙홀이라는 개념을 제시했고 그 후로 블랙홀에 관한 이론이 쏟아졌다. 그리고 '블랙홀'이라는 표현은 1960년대부터 쓰이고 있다.

34
일출과 일몰 때 지평선 위의 태양은 왜 훨씬 크게 보일까?

동산에 떠오르는 태양을 보면 하늘에 높이 떠 있을 때보다 훨씬 커 보인다. 태양이 차츰 높이 떠오르면 평소와 같은 작은 모습으로 보인다. 아침 하늘의 대기층이 렌즈 역할이라도 한 것일까? 아니다. 간단한 실험을 해보면 알 수 있다.

종이 한 장을 말아 대롱(파이프)을 만들고 그 구멍을 통해 태양을 보자. 그러면 태양은 본래 크기로 작아 보인다.

인간의 눈은 정확하지 못하다. 이처럼 실제 모양과 다르게 보이는 시각적 착각을 '착시(錯視)'라 한다. 자연사박물관의 광학실이나 과학책에서 눈의 착시현상에 대한 설명을 접한 적이 것이다. 해가 떠오를 때는 수평성(지평선)에 가까이 있는 물체(산, 바다, 나무 등)와 태양이 비교되는데, 그럴 때 인간의 눈은 태양이 크게 보이는 착시현상을 일으킨다. 달이 떠오르거나 질 때도 마찬가지다.

1장 | 빛의 자연현상과 신비 59

2장

빛의 신비한 성질

✳

빛의 반사법칙이란 무엇일까?

우리는 빛의 3대 성질인 '직진', '반사', '굴절'에 대해 일찌감치 배운다. 현미경·망원경·카메라·안경·거울 등은 빛의 성질을 이용해 만든 대표적인 광학기구다. 인류는 유리로 만든 렌즈가 빛을 굴절하는 성질을 이용해 현미경을 발명하면서 눈으로 볼 수 있는 세상보다 수백 배 더 넓고 다양하고 신비한 미시 생명체와 자연을 관찰할 수 있게 됐고, 망원경의 발명으로 맨눈으로 보는 세상보다 훨씬 더 광대한 우주의 세계를 볼 수 있게 됐다.

빛의 반사 성질

빛(광파)은 거울과 같은 평면을 만나면 입사한 각도 그대로 반대쪽으로 반사된다. 빛의 성질 중 하나는 "평면에 비친 빛의 입사각과 반사각은 같다."라는 것이다. 그런데 마루나 교실 벽면은 평면이지만 매끈하지 않고 거칠어 입사한 빛이 사방으로 흩어져 반사되므로 거울처럼 반짝이지 않는다.

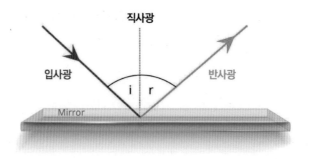

빛의 반사 평면에 비치는 입사광선의 입사각 i와 반사광선의 각 r은 같다. 이를 '빛의 반사 법칙'이라 한다.

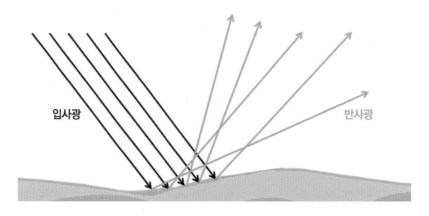

산란반사 입사광선(붉은색)이 비친 면이 평면이 아니면 빛은 분산된 상태(녹색)로 산란 반사된다.

서로 마주 보는 거울에 보이는 영상은 반사를 수없이 거듭한다. 이런 반사를 '다중반사(多重反射)'라 한다. 정면으로 다중반사되는 영상은 눈에 보이지 않는 가장 희미한 빛이 될 때까지 두 거울 사이에 반사를 무한히 반복할 것이다.

손전등이나 자동차 전조등의 내부를 들여다보면 전구 뒤에 오목거울이

부착돼 있다. 오목거울은 입사된 빛이 전등 앞쪽으로 전부 반사되게 하여
효과적으로 밝은 빛을 비추게 한다. 즉, 광원에서 나오는 광선을 같은 방향
으로 집광시키는 작용을 한다.

36

빛이 굴절하는 각도는 얼마일까?

물이 담긴 유리컵에 세워둔 젓가락은 물을 만나는 경계면에서 휘어져
보인다. 이처럼 빛이 물이나 유리를 통과할 때 그 경계면에서 꺾여 진행 방
향이 달라지는 현상을 '굴절'이라 한다. 굴절 현상은 고대로부터 알려져 왔
지만 굴절에도 일정한 법칙이 있다는 사실을 처음 발견한 사람은 네덜란

 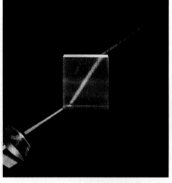

스넬리우스   물속에 잠긴 숟가락의 일부분이 경계면에서부터 굴절되어 보인다. 이러한 굴절
은 공기·물·유리 속으로 진행하는 빛의 속도가 달라 일어나는 현상이다. 다이아몬드 속을 지
나는 빛은 굴절(굴절률 2.42)이 가장 심하게 일어난다. 태양 빛은 파장에 따라 굴절률이 높을수
록 큰 각도로 굴절하여 분산하므로 찬란한 광채를 띠게 된다.

드의 수학자 빌러브로어트 스넬리우스(Willebrord Snellius, 1580~1626)이다.

진공 · 공기 · 물 · 유리 · 다이아몬드 등 매질(媒質)마다 빛을 굴절시키는 정도가 다른데, 이를 '굴절률'이라 한다. 굴절률은 진공 중의 빛의 속도를 매질 속의 빛의 속도로 나눈 값이다. 가령 매질 속을 지나는 빛의 속도는 진공 중 속도의 약 0.67배이므로 굴절률은 약 1.5이다.

두 매질의 경계에서 일어나는 굴절의 법칙을 '스넬리우스의 법칙' 또는 '스넬의 굴절 법칙'이라 부른다.

37
굴절망원경과 반사망원경의 구조는 어떻게 다를까?

천체관측 망원경은 크게 굴절망원경과 반사망원경 두 종류로 나뉜다. 관광지에서 원경(遠景)을 관망할 수 있게 해주는 망원경과 쌍안경은 굴절망원경에 속한다.

뉴턴식 반사망원경 구조   뉴턴식 반사망원경은 오목거울(반사경) 앞쪽에 45°로 작은 반사거울(반사경 또는 2차 거울)이 있어 이 거울에서 반사되는 빛을 경통 측면의 접안경을 통해 관측할 수 있는 기구다. 반사망원경은 굴절망원경보다 경통이 훨씬 더 짧아 제작이 쉽고 운반하기도 편리하다. 아마추어 천문관측가들은 주로 반사망원경을 만든다. 반사망원경은 뉴턴이 처음 만들었다고 해서 뉴턴식 반사망원경이라 부른다.

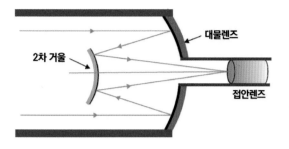

카세그래인식 망원경　카세그레인식 반사망원경은 2차 거울이 경통의 중앙에 있어 망원경으로 들어오는 빛을 굴절망원경처럼 망원경 뒤쪽에서 관측할 수 있다. 이런 망원경은 반사경(주경)의 중앙에 구멍을 뚫어 접안경 쪽으로 빛이 나오게 한다.

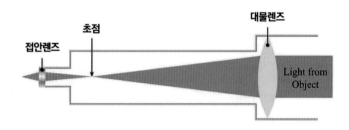

굴절망원경 구조　대물렌즈와 접안경을 볼록렌즈로 제작하는 굴절망원경은 대상을 정면으로 바라볼 수 있어 관측이 편리하다. 하지만 직경이 큰 유리 렌즈 자체가 제작이 어려울 뿐 아니라 초점거리가 길어 망원경 경통도 길어지므로 대물렌즈 직경이 10cm 이상인 굴절망원경은 제작 비용이 커진다.

　빛이 밀도가 다른 매질 속을 지나갈 때 속도가 변하는 현상과 굴절 현상이 일어나지 않았다면 안경을 비롯한 온갖 광학기구들이 발명될 수 없었을 것이다. 비가 온 뒤의 무지개와 아침저녁의 노을도 나타나지 않을 것이다. 모든 생명체에 생존 에너지를 주는 태양은 반사, 변속, 굴절이라는 성질이 있어 인류의 삶을 편리하게 해주고 자연도 더 아름답게 보이게 만든다.

38
왜 빛을 '전자기파(電磁氣波)'라고 부를까?

옛 선인들은 인간의 눈이 감각하는 빛(가시광선)에 대해서는 알고 있었지만 방송파나 적외선, 자외선, 엑스선, 감마선의 존재에 대해서는 알지 못했다. 과학기술이 발달하면서 이 모두가 태양이 발산하는, 가시광선과 같은 전자기파라는 사실을 알게 됐다.

'전자기파'는 '전기(電氣)와 자기(磁氣)의 작용으로 생겨난 파'라는 의미의 과학 용어다. 19세기에는 전기와 자기, 전자기파(전자파, 전파)에 대한 연구가 활발히 이루어져 물리학이 진일보했다. 당시 연구로 전기에 의해 자력이 생겨나고 자력에 의해 전류가 흐른다는 사실이 밝혀졌으며, 전류가 흐르는 안테나에서 전자기파가 발생하고 전자기파가 안테나에 접하면 안테나에 전류가 흐르게 된다는 것도 알게 됐다. 이는 전자석 제작 실험으로도 간단히 알 수 있다.

전자기파 연구로 큰 업적을 남긴 과학자는 무수히 많지만 그중 영국의 제임스 맥스웰(1831~1879)와 마이클 패러데이(1791~1867), 독일의 하인리히 헤르츠(1857~1894) 등이 대표적이다.

파장이 짧을수록 에너지가 큰 전자기파

전자기파에는 라디오 방송이나 통신에 사용하는 장파, 중파, 단파, 초단파, 극초단파를 비롯한 적외선, 가시광선, 자외선, 엑스선, 감마선이 모두 포함된다. 이 전자기파들은 파장의 길이로 구분하며 다음과 같은 성질을 지니고 있다.

1. 전자기파는 파장에 관계 없이 진행 속도가 초속 약 30만km(빛의 속도)이며, 음파와 달리 진공 속에서도 이동할 수 있다.

2. 전자기파는 파장이 길면 주파수(진동수)가 적고, 파장이 짧으면 주파수가 많아진다. 가령 1초에 3,000회 진동하는 장파의 파장은 약 300km이지만 감마선의 파장은 원자의 핵 크기만큼이나 짧고 주파수는 10에 0을 20개 이상 붙인 수만큼이나 많다.

3. 전자기파는 파장이 짧을수록 큰 에너지를 갖는다.

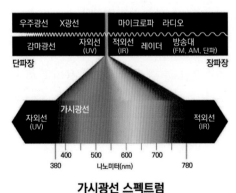

전자기 스펙트럼

가시광선 스펙트럼

스펙트럼　태양에서 오는 넓은 대역의 전자기파 중에 프리즘에서 무지갯빛이 나타나는 파장의 빛을 '가시광선'이라 한다. 인간의 눈은 가시광선 파장의 빛만 감각할 수 있다. 파장이 가시광선보다 길면 적외선, 가시광선보다 짧으면 자외선이다.

전자기파의 분류

1. **라디오파(방송파)** : 파장이 매우 길고 주파수는 낮다. 라디오와 텔레비전 방송, 휴대전화, 우주통신 등에 사용하는 전자기파다. 라디오파는 파장에 따라 장파, 중파, 단파, 초단파 등으로 나뉜다. 전자레인지에 사용되는 단파(마이크로웨이브)는 라디오파다.

2. **광파(光波)** : 적외선, 가시광선, 자외선은 '광파'라 불리는 범위에 속하는 전자기파다. 인간의 눈이 볼 수 있는 가시광선은 전자기파 전체 대역(스펙트럼) 중에 극히 일부인 주파수 영역이다.

3. **엑스선** : 엑스선으로 분류되는 전자기파는 에너지가 강해 단단한 고체 속으로도 깊이 투과할 수 있다.

4. **감마선** : 파장이 가장 짧고 주파수가 높은 이 영역의 전자기파는 엑스선보다 더 에너지가 강해 살아있는 세포도 죽일 수 있다. 태양에서는 강한 감마선이 나오지만 대기층이 이를 대부분 막아준다.

39

X선은 어떤 성질을 가진 전자기파일까?

1895년은 현대 물리학의 출발점으로 볼 수 있는 수많은 물리학 현상이 알려진 획기적인 해였다. 그중 대표적인 것이 독일 물리학자 빌헬름 뢴트겐(Wilhelm Rontgen, 1845~1923)이 X선을 발견한 일이다.

전자기파 중에서도 X선은 일상적으로 접하지만 잘 모른다. X선은 뢴트겐이 1895년에 처음 발견했다. X선을 발견하기 전에는 이처럼 투과력이 강한 전자기파가 있다는 사실을 알지 못했다.

뢴트겐은 진공관의 일종인 크룩스관(Crooke's tube)에 고압 전류를 흘려 실험하던 중 스크린에 손의 뼈 그림자가 얼핏 비치는 것을 발견했다. 그는 크룩스관에서 미지의 방사선이 나오고 이 방사선이 두꺼운 종이나 목재, 알루미늄 등을 투과할 수 있으며 사진 건판도 감광시킨다는 사실을 알게 됐다.

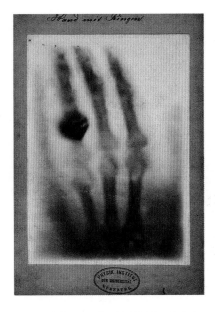

엑스선 사진　엑스선을 이용한 최초의 진단으로 손가락뼈를 촬영한 영상이다.

발견 당시에는 이 빛의 성질에 대해서는 잘 몰랐던 터라 X-ray라는 이름을 붙였다. 새로운 빛(전자기파)을 발견했다는 소식이 세상에 알려지면서 한 신문에서는 "엑스선으로 집을 비추면 방안도 볼 수 있을 것이다."라고 전하기도 했다.

X선의 발견으로 현대 물리학과 의학의 발전에 대변혁이 일어났다. X선은 강한 침투력을 가진 빛이라 생물 조직이 노출되면 심각한 손상을 입을 수 있다. 진단용으로는 강도가 극히 약한 X선을 이용한다.

40

빛이 가진 에너지는 어떻게 알 수 있을까?

식물이 태양광선의 힘을 이용해 광합성을 한다는 사실은 널리 알려져 있다. 태양전지판에 비친 태양 에너지가 전기를 생산한다는 사실도 잘 알려져 있다. 태양에서 오는 빛이든 장작불의 빛이든 모든 빛(전자기파 전부)은 에너지를 지닌다. 이 에너지를 '빛에너지' 또는 '전자기파 에너지'라 한다.

과학자들이 말하는 '에너지(energy)'란 자연이 '어떤 일을 해내는 힘'을 의미한다. 이 용어는 고대 그리스어 energeia(활동, 작용)에서 따온 것으로 1807년 영국의 물리학자 토머스 영(Thomas Young, 1773~1829)이 처음 사용했다.

에너지는 빛에너지(전자기파 에너지), 운동에너지, 위치에너지, 열에너지, 탄성에너지, 화학에너지, 핵에너지 등 여러 가지 형태로 변할 수 있다. 가령 자동차는 연료를 태울 때 나오는 에너지로 달린다. 휘발유나 가스 같

천둥·번개 번개는 전기에너지를 지니고 있으며 이것이 빛에너지와 열에너지, 소리에너지로 변하고 대기 중 기체들의 화학변화를 일으키는 화학에너지가 된다.

은 연료는 화학에너지를 지니고 있고 이것이 연소하여 열에너지로 변하며 열에너지는 자동차를 움직이는 운동에너지로 바뀐다.

에너지의 핵심 법칙

1. 에너지는 다양하게 변한다.

빛에너지는 전기에너지로 바뀔 수 있고 전기에너지는 모터와 기계를 동작시키는 운동에너지로 변할 수 있다. 전등의 경우 전기에너지는 빛에너지로 되돌아갈 수도 있다. 댐에 고인 물이 떨어지는 것은 중력에너지인데, 이는 발전기를 통해 전자기에너지로 변한다. 전기다리미의 전자기에너지는 열에너지를 내 구김을 바르게 펴준다. 킬로와트시(kWh), 칼로리(Cal), 줄(joule) 등은 에너지의 크기를 나타내는 물리학의 단위다.

2. 에너지는 절대 감소하지 않는다.

우주에 존재하는 에너지는 절대 감소하거나 소멸하지 않는다. 뜨겁던 물이 식으면 열에너지가 없어진 것 같지만 실은 주변의 공기와 수증기로 옮겨갔을 뿐이다. 우주에 존재하는 것은 물질이든 에너지든 없어지지 않는다. 에너지가 물질이고 물질이 에너지이기 때문이다.

수증기는 열에너지에 의해 발생한 상승기류를 따라 공중으로 올라가 물방울로 변하고 이 물방울이 중력에너지를 갖게 되면서 땅으로 떨어진다. 이처럼 에너지가 형태를 달리하면서도 없어지지 않는 것을 '에너지 불변의 법칙'이라 한다. 이와 관련된 자연법칙으로 '질량 불변의 법칙(물질 불멸의 법칙)'이 있다.

41

빛의 속도는 어떻게 측정할까?

현재 빛의 속도는 초속 약 30만㎞(정확하게는 299,792.458㎞)로 알려져 있다. 17세기 이탈리아의 천문학자 갈릴레오 갈릴레이(Galileo Galilei, 1564~1642)는 등불을 이용해 빛의 속도를 측정하는 실험을 했다. 밤에 두 사람이 1㎞ 떨어진 곳에서 마주하고 한 사람이 들고 있는 등불의 문을 열면 상대방이 이를 보는 순간 등불의 문을 여는 방법으로 측정하려 한 것이다. 빛이 워낙 빨라 이 방법으로는 속도 측정이 불가능했다.

이후 덴마크의 천문학자 올레 뢰머(Ole Christensen Rømer, 1644~1710)가 1676년 목성의 주변을 도는 위성이 목성 뒤로 가려졌다가 다시 나타나는 시간을 측정하는 방법을 이용해 빛의 속도가 약 20만㎞라고 추정했다.

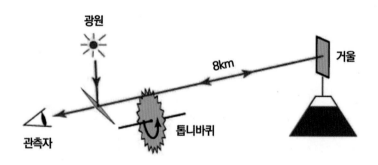

빛의 속도 측정   빛의 속도를 최초로 측정한 피조는 1850년에 전류의 속도를 측정하기도 했다. 1862년에는 푸코 진자를 발명한 프랑스의 물리학자 레옹 푸코Jean Bernard Leon Foucault, 1819~1868도 피조와 비슷한 방법으로 톱니바퀴를 이용해 빛의 속도를 측정한 결과 초속 약 298,000㎞였다.

그러나 이 측정법도 오차가 컸다.

1849년 프랑스의 물리학자 루이 피조(Louis Fizeau, 1819~1896)는 처음으로 빛의 속도를 정확하게 측정하는 데 성공했다. 그는 약 8.87㎞ 떨어진 곳에 반사거울을 설치하고 720개의 톱니를 가진 톱니바퀴 사이로 빛을 보내 빛이 반대쪽에 있던 거울에 반사돼 톱니 사이로 다시 들어오는 장치를 만들었다. 톱니바퀴를 천천히 돌리자 톱니 사이로 나간 빛은 반대쪽 거울에 반사돼 톱니 틈새로 되돌아왔다.

하지만 톱니바퀴를 초속 25회전으로 빨리 돌리자 톱니바퀴 사이로 나간 빛이 다음 톱니 사이로 되돌아왔다. 피조는 이 결과를 다음과 같이 계산해 빛의 속도를 초속 약 313,000㎞로 추정했다.

약 8.87㎞ × 2(왕복) × 25회전 × 720

더 정확한 측정

1887년에는 미국의 물리학자 앨버트 마이컬슨(Albert Michelson, 1852~1931)과 에드워드 몰리(Edward Morley, 1838~1923)가 공동으로 빛의 속도를 보다 정확하게 측정한 결과 299,796㎞로 나타났다.

오늘날 달 표면까지 레이저를 쏘아 반사되어 오는 시간을 측정하는 등 다양한 방법으로 빛의 속도를 정밀하게 측정한 결과 초속 299,792,485m인 것으로 나타났으며 이에 따라 '1m는 빛이 299,792,485분의 1초 동안에 이동하는 거리'라고 정하고 있다.

빛의 속도로 달리면 무슨 일이 일어날까?

빛의 속도가 어느 정도인지 생각해 보자. 고속도로를 달리는 자동차의 속도는 대개 시속 100km(초속으로는 약 28m)이다. 소리의 속도는 기온이 0℃일 때 약 331m이고, 1979년에 태양계 바깥으로 우주여행을 떠난 파이오니어 우주선의 비행 속도는 초속 60km였다.

빛은 '광자'라고 부르는 특수한 입자이며, 광자의 속도는 초속 약 30만 km이다. 따라서 빛의 속도에 비하면 파이오니아 우주탐사선은 굼벵이에 불과하다. 광자는 크기도 없고 무게도 없으며 속도가 가장 빠르다.

태양은 제자리에 멈춰 있는 것처럼 보이지만 태양과 그 둘레를 도는 지구를 포함한 여덟 개의 행성은 은하계 주위를 초속 약 250km(시속 약 94,000km)라는 엄청난 속도로 이동하고 있다. 그런데도 우리는 태양계 전체가 빠르게 움직이고 있다는 사실을 전혀 실감하지 못한다.

어떤 물체가 빛의 속도(광속)에 가까운 속도로 이동하면 그 물체의 길이와 부피와 시간에 변화가 일어난다. 이는 일반인이 상상하기 어려운 상대성 세계의 변화다. 가령 어떤 물체가 빛의 속도보다 약 10% 느린 초속 27만km로 달리는 것을 멀리서 본다면 그 물체는 길이가 절반 정도로 줄어든 것처럼 보이다가 속도가 더 빨라져 빛의 속도에 이르면 그 물체는 없어진 것처럼 보인다. 하지만 광속으로 이동하는 우주선에 탄 사람은 그 같은 변화를 전혀 실감하지 못한다.

빛의 90% 속도로 달리는 우주선을 타면 체중이 3배 이상 증가하는데, 정작 우주 비행사는 이러한 변화를 감지하지 못한다. 그러다 우주선이 빛의 속도에 이르면 우주 비행사의 체중은 무한히 늘어난다. 이해하기 어려운 이 현상은 상상이 아니라 실제로 일어나는 일임을 물리학자들은 '가속기'라는 장치를 쓴 특수 실험을 통해 확인하고 있다.

광속으로 달리면 시간에도 커다란 변화가 일어난다. 빛의 속도에 가깝게 달리는 우주선의 시계를 외부에서 보면 시간이 아주 느리게 가는 것처럼 보인다. 그러나 우주선 내부에서는 시간의 흐름이 정상으로 느껴진다. 막상 우주선의 속도가 광속에 이르면 시간은 아예 멈춘다고 한다. 일반인들은 이해하기 어려운 이야기이지만 엄연히 존재하는 물리학적 사실이다.

43

빛은 진공 속을 지날 때와 공기 중을 지날 때 왜 속도가 다를까?

빛은 진공 속을 지날 때와 공기 중이나 다른 물질 속을 지날 때의 속도가 다르다. 진공 속을 지나는 빛은 초속 약 30만km(정밀하게는 299,792,458m)이지만, 공기 중을 지나는 빛은 29만 1,000km, 물속에서는 이보다 훨씬 느린 22만 5,000km이다. 물보다 밀도가 높은 유리 속을 지날 때는 19만 8,000km이다.

빛이 진공이 아닌 다른 물질 속을 통과할 때는 밀도가 큰 물질일수록 속도가 느려진다.

소리는 왜 빛과 달리 진공 속에서 전달되지 않을까?

빗소리, 천둥소리, 바람 소리, 새소리, 노랫소리, 악기 소리, 자동차 소리 등 소리의 종류는 다양하다. 대포 소리처럼 클 때도 있고 모기 소리처럼 들릴락 말락 작을 때도 있고 쇳소리처럼 높거나 피아노 건반의 제일 아래 음처럼 낮을 때도 있다.

빛은 눈으로 볼 수 있지만 소리는 눈에 보이지 않고 귀라는 청각기관을 통해서만 들을 수 있다. 오실로스코프(oscilloscope)는 소리의 진동을 전자적인 방법으로 눈에 보이게 해주는 장치다.

수면에 작은 돌을 던지면 수면파가 동심원을 그리면서 사방으로 퍼져 나간다. 기타의 팽팽한 줄을 퉁기면 주변의 공기 분자가 빈동하면서 수면 파처럼 퍼져나간다. 소리가 전해지는 진동을 '음파'라고 한다. 음파는 공기(기체)나 물(액체), 이외의 다른 물질(고체) 등이 있어야 전달된다.

소리를 전달해 주는 물질을 '매질(媒質)'이라고 하는데, 진공은 매질이 없는 공간이다. 빛은 입자이므로 진공에서는 공기 분자의 방해가 없어 좀 더 빨리 지날 수 있다.

파도를 보면 높고 낮은 산과 골짜기가 형성되는데, 산과 골짜기 사이의 파고(높이)를 '진폭(振幅)'이라 하고, 산과 산 사이의 거리는 '파장(波長)'이라 하며 파가 1초에 오르내리는(진동하는) 횟수를 '진동수'라 한다.

음파의 진동 횟수에는 '헤르츠(Hz)'라는 단위를 붙이는데, 전자기파를 처음 발견한 독일의 물리학자 하인리히 헤르츠(Heinrich Hertz, 1857~1894)의 이름에서 따온 것이다.

수면에 생기는 수면파는 눈으로 볼 수 있으나 음파는 눈에 보이지 않는다. 하지만 공기를 진동시키는 음파는 간단한 실험으로 확인할 수 있다. 라디오 스피커 앞 10cm 정도 떨어진 곳에 공기를 넣은 고무풍선을 두 손으로 잡고 있으면 스피커에서 나온 음파의 진동이 고무풍선을 다양하게 진동시키는 것을 손바닥의 감촉으로 느낄 수 있다.

45
태양의 열(에너지)은 어떻게 우주의 진공 속을 지날까?

불 위에 올려둔 프라이팬의 손잡이는 시간이 흐르면 뜨거워진다. 나무 같은 방열재(放熱材)로 손잡이를 감싸놓지 않으면 맨손으로 만질 수 없다. 프라이팬 손잡이가 뜨거워지는 것은 열의 전도 현상 때문이고 냄비 속의 물이 끓는 이유는 대류 때문이다. 열이 전도되거나 대류되려면 열을 전달하는 매개(媒介) 물질이 반드시 있어야 한다. 그러나 태양의 열에너지는 진공의 우주를 통과해 온다.

열이 전달되는 세 가지 방법은 전도, 대류, 복사다. 보온병에 뜨거운 물이나 얼음물을 담아두면 오랫동안 온도가 유지된다. 열이 보온병을 둘러싼 내부의 진공 속으로 전달되지 않기 때문이다. 그러면 우주공간이라는 진공 속을 지나는 태양열은 어떻게 지구를 따뜻하게 하는 걸까?

태양에서 지구까지 오는 열기(熱氣)를 '복사열(輻射熱)'이라 한다. 전기스토브의 니크롬선에서 나오는 열기와 숯불의 열도 복사열이고 인체의 열도 복사열이다.

보온병 구조 보온병은 이중으로 된 벽 사이 의 공기를 전부 뽑아내 진공 상태로 만들었기 때문에 열이 전도되지 않아 내부 온도가 오래 유지된다.

방사선과 복사선의 차이

태양에서는 가시광선뿐만 아 니라 적외선, 자외선, 감마선 등 (전자기파)이 쏟아져 나오는데, 이 들 모두를 '복사선(radiation)'이라 부른다. 태양에서 오는 전자기파 는 전자기에너지를 가지고 있으 며, 파장이 긴 것(방송파 종류)은 에 너지가 약하고, 파장이 짧을수록 강한 에너지를 갖고 있다.

radiation은 원래 '방사선'을 뜻하는데, 왜 '복사선'이라고 부를까? 태양에서 오는 전자기파 중에서 파 장이 짧고 강한 에너지를 가진 전자기파는 복사선이 아닌 방사선이라 부 른다. 뼈를 통과할 수 있는 X선, 방사성물질에서 나오는 알파선, 베타선, 감마선과 파장이 아주 짧은 자외선이 바로 방사선이다.

모든 전자기파는 에너지를 가지고 있으며 진공 속을 지나는 성질이 있 다. 태양에서 나온 전자기파가 진공의 우주공간을 지나온 후 지구의 물체 (구름, 땅, 나무 등등)를 만나면 물체의 원자와 분자를 운동시켜 열에너지로 변한다.

불을 피운 난로나 백열등, 사람의 몸에서도 적외선이 나온다. 적외선은 전자기파이기 때문에 빛의 속도로 전달된다. 난로에서 발생하는 열에너지 (적외선)는 불을 쬐는 손까지 순식간에 전달되기도 하지만 전도와 대류 현 상에 의해 주변 공기가 따뜻해지기도 한다.

캘리포니아 대학의 한 물리학자는 열이 진공 속으로도 미량이나마 전달되는 현상을 발견했다. 2019년 12월 12일에 발행된 학술지 〈네이처〉에 실린 그의 논문에서는 열이 진공을 지나간 이유를 '양자 요동'이라는 양자역학 이론으로 설명하고 있다.

46
빛이 '파(波)'라는 것은 어떻게 밝혀졌을까?

소리(음파)는 진공 속을 지나가지 못한다. 그래서 뉴턴이 살았던 시대까지도 사람들은 빛이 지구에 도달할 수 있는 이유는 우주공간이 진공이 아닌 에테르(ether)라 부르는, 빛이 지나가게 해주는 어떤 물질(매질)이 있기 때문이라고 믿고 있었다.

우주공간을 에테르가 차지하고 있다는 생각은 고대 그리스 시대부터 전해져 내려왔다. 그러다 19세기에 이르러 영국의 물리학자 제임스 맥스웰(James Maxwell, 1831~1879)이 빛은 매질이 없어도 전파된다는 사실을 밝히자 에테르는 화학물질을 이르는 이름으로만 남았다.

네덜란드의 크리스티안 하위헌스(Christiaan Huygens, 1629~1695)는 일찍이 빛을 파동이라고 생각한 물리학자다. 또한 수학자이자 천문학자인 그는 직접 만든 망원경으로 오리온성운과 토성의 테를 최초로 관찰하기도 했다.

빛이란 무엇일까? 17세기 과학자들은 빛의 성질을 놓고 논쟁을 벌였다. 프리즘으로 빛을 굴절시키는 실험을 하는가 하면 반사망원경을 최초로 만든 빛의 과학자 뉴턴조차 '빛은 에테르로 가득 찬 우주공간을 여행하는 입자'로 생각했다.

그러나 뉴턴과 동시대에 살았던 하위헌스는 '빛은 진행 방향과 수직으로 파면(波面)을 가진 파'라고 주장했다. 그는 어린 시절 운하의 수면에 생기는 잔물결을 관찰하면서 이런 생각에 닿았다고 한다.

그는 1690년에 쓴 〈빛에 대한 보고서〉에서 "마주 보는 두 사람은 서로의 눈동자 속에 비친 자기 모습을 동시에 볼 수 있다. 빛이 어디로든 막힘없이 지나갈 수 있기 때문이다. 빛이 입자라면 마주치는 빛의 입자들이 도중에 충돌하여 서로를 볼 수 없게 될 것이다."라고 주장했다.

빛의 성질에 대한 과학자들의 논쟁은 오랫동안 지속됐지만 오늘날에는 '빛은 파인 동시에 입자'의 성질을 가졌다는 사실이 널리 받아들여지고 있다.

47
태양전지에서 전류가 생성되는 이유는 무엇일까?

1900년 독일의 물리학자 막스 플랑크(Max Planck, 1858~1947)는 빛 에너지의 최소 단위는 '양자(quantum)'이고, 그 에너지는 빛의 주파수에 일정한 상수(플랑크 상수)를 곱한 것($E = h\nu$)이라는 이론을 세웠다.

1905년 알베르트 아인슈타인(Albert Einstein, 1879~1955)은 프랑크의 양자 이론을 기초로 빛은 광자(입자)의 흐름이라고 생각해 물질(금속, 비금속, 고체, 액체, 기체 불문)에 일정한 진동수 이상의 파장이 짧은 전자기파(가

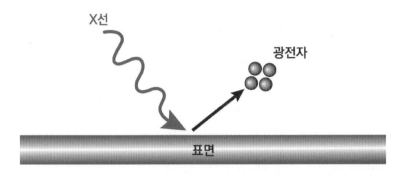

광자 발생 물질에 에너지(X선)를 주면 광자가 방출되는 현상을 발견하면서 빛은 파동이자 입자^{粒子}
라는 사실을 확신하게 됐다.

시광선이나 자외선)를 쪼이면 에너지를 흡수해 그 물질에서 전자가 방출되는
'광전효과'가 나타나며 광전효과로 방출되는 전자는 광전자(photoelectron)
라고 발표했다.

　태양전지는 바로 이 광전효과를 이용한 것이다. 많은 과학자들이 적은
에너지로도 많은 전류를 생산하는 물질을 개발하는 데 경쟁적으로 매진하
고 있다. 광전효과는 광다이오드, 광 트랜지스터, 영상 센서, 야간경(夜間鏡)
등의 전자장치에 이용된다. 황화카드뮴(CdS), 카드뮴 셀레나이드(CdSe), 산
화납(PbO), 황화납(PbS), 셀렌화납(PbSe), 규소(Si), 저마늄(Ge) 등은 광전효
과가 큰 대표적인 물질이다.

48

빛이 파와 입자가 아니라면 무엇일까?

과거의 인류는 눈에 보이는 빛(가시광선)만 존재한다고 생각했다. 전자기파의 존재를 처음 제기한 과학자는 영국의 맥스웰이었으며, 가시광선 외에 눈에 보이지 않는 빛(전자기파)이 존재한다는 사실을 1884년에 처음 발견한 사람은 독일의 물리학자 헤르츠였다. 그는 현대의 전파통신 시대를 열어젖힌 놀라운 발견을 했지만 정작 그 자신은 얼마나 중요한 업적을 남겼는지 잘 알지 못했던 듯하다.

헤르츠가 전자기파를 발견한 덕에 이탈리아의 물리학자 굴리엘모 마르코니(Guglielmo Marconi, 1874~1937)는 전선 없이 공중으로 정보를 송수신하는 무선전신을 발명할 수 있었다. 전자기파를 발견하면서 인류는 지금과 같은 방송 시스템, 통신기기, 우주공간의 위성과 연결되는 수백 가지의 통신장치를 개발할 수 있었다.

태양에서 오는 빛(전자기파)에는 파장이 다른 장파, 방송파(중파, 초단파, 단파 등), 적외선, 가시광선, 자외선, X선, 감마선이 모두 포함돼 있다. 오늘날의 과학기술은 전자기파를 온갖 방법으로 활용한다. 빛이 한 가지 파장으로만 존재한다면 우주는 이처럼 아름답고 변화무쌍하며 신비로울 수 없을 것이다.

가령 가시광선의 파장은 무지개뿐 아니라 아름다운 천연색을 눈에 보이게 해준다. 장파, 단파와 같은 방송파, 적외선파, 자외선파, 감마선파 등은 모두 특유의 성질이 있고 이를 이용해 인류는 삶의 편의를 도모할 수 있게 됐다.

빛은 파동이면서 입자다

흔히 오지의 공터에 태양전지나 태양발전소를 짓는다. 어떤 물질이라도 전자기파(가시광선이든 자외선이든)에 노출되면 그 에너지를 흡수해 전자가 방출된다. 이 현상이 광전효과(光電效果)이고 광전효과에 의해 나오는 전자는 광전자(光電子)다. 아인슈타인은 광전효과와 광전자에 관한 이론을 처음 확립한 과학자이기도 하다. 그는 이를 통해 빛은 파동이면서 입자라는 '이중성(二重性)'을 확인했다.

광전효과는 빛이 입자이면서 파동이라는 두 성질을 지니기에 나타나는 현상이다. 이런 성질이 없었다면 인류 문명은 지금처럼 찬란하게 발전하지 못했을 것이다.

빛이 입자라면 빛이 압력도 가질까? 과학자들은 광자의 무게가 없으며 압력이 있지만 무시해도 좋을 만큼 미미하다고 말한다. 가령 레이저 포인터(지시봉)에서 나오는 빛의 압력으로 2.5그램짜리 동전을 들어 올리려면 레이저포인트 300억 개를 합친 힘이 필요하다.

이 같은 빛의 이중성을 이해하기란 쉽지 않다. 이는 물리학자들이 상상하는 빛의 성질이다. 광자는 무게가 전혀 없는 무형의 입자라서 현대 물리학은 양자(量子, quantum)라는 말로 원자, 전자기파, 에너지, 중력 등을 통합해 그 성질과 관계를 연구한다.

빛에너지는 인류에게 어떤 혜택을 줄까?

빛이 인간에게 주는 가장 큰 혜택은 물체가 보이게 해준다는 점이다. 인간과 대다수 동물은 시각기관을 진화시켜 살아간다. 빛이 눈에 보이는 이유는 빛에너지가 시신경을 자극하기 때문이다. 시신경은 외부 정보를 전기(에너지) 형태로 바꿔 뇌에 전달한다. 인간은 빛(전자기파) 중에서 일부 파장만 볼 수 있다. 만일 인간이 더 광범위한 파장, 이를테면 적외선·자외선·감마선까지 볼 수 있다면 자연이 지금처럼 아름답게 보이지 않을지도 모른다.

동물과 사람의 시각은 다르다. 가령 꿀벌은 자외선을 감지하는 것으로 알려져 있다. 어쩌면 인간 이외의 생명체들에게는 방송통신파나 X선, 감마선 등은 필요하지 않을지도 모른다.

장파·라디오파·단파와 같은 전자기파는 정보전달의 도구로 쓰이고 있으며, 정보는 빛의 속도로 전달된다. 무선통신·라디오·TV 방송에 이용하는 방송통신파는 긴 파장을 가진 빛(전자기파)에 속한다. 이외에도 빛은 다음과 같은 효용을 지닌다.

- 태양전지판에 비친 빛은 전력을 생산해 각종 전자장치를 작동시킨다.
- 적외선은 따뜻한 열에너지를 제공한다.
- 식물은 광합성하기 좋은 파장의 빛으로 영양분을 화학적으로 합성한다.
- 물질을 태우거나 마찰하거나 화학반응을 일으키면 빛이 발생한다.

- X선은 인체 진단이 아니라 온갖 산업에서도 이용된다.

- 파장이 가장 짧은 감마선은 더 큰 에너지를 지닌다. 인체에 위험하지만 적절히 이용하면 살균, 암세포 치료, 진단용 단층촬영 등에 이용 가능하다.

- 빛(자외선과 적외선)이 없다면 사진, 복사, 영상산업이 불가능하다. 자외선은 살균, 탈색, 공해물질을 분해한다.

50
빛이 굴절하고 간섭하는 성질이 없다면 어떨까?

광학기구라 불리는 카메라·망원경·영사기·현미경·안경·반사경·프리즘 등은 모두 빛이 가진 직진·반사·굴절·회절·간섭 등의 성질을 이용하여 만든 편리한 도구다. 빛이 굴절하는 성질을 지니지 않았다면 광학기구도 존재할 수 없다. 무지개가 생겨날 수 없고, 다이아몬드나 크리스털도 아름다운 광채를 낼 수 없다.

물리학의 발견이 이룬 가장 큰 성과로 흔히 원자력(핵에너지)과 레이저 광선을 꼽는다. 태양이나 전등에서 나오는 빛은 여러 파장의 빛이 섞여 있어 서로 간섭하게 된다. 그 결과 전등 빛은 여러 색이 아닌 흰색으로 보인다. 하지만 에너지가 집중되지 못해 멀리까지 비출 순 없다.

레이저(광선)는 햇빛과 어떻게 다를까?

바늘 핀의 머리 크기 면적에 200개의 미세한 구멍을 뚫을 수 있을까? 이처럼 불가능해 보이는 일도 레이저가 발명되면서 가능해졌다. 레이저는 1960년에 미국 휴스연구소의 시어도어 마이만(Theodore H. Maiman, 1927~2007)이 처음 개발했다. 레이저가 없었다면 과학과 기술이 결코 지금처럼 발전할 수 없었을 것이다.

레이저디스크 가느다란 레이저가 디스크의 디지털 신호를 읽어 소리와 영상을 재생시킨다.

레이저의 용도

• 눈에 보이지 않는 가느다란 레이저 광선이 DVD에 기록된 지극히 작은 디지털 정보를 읽어낸다.

• 슈퍼마켓 계산대에서는 에너지가 약한 레이저가 바코드를 읽어 계산한다.

• 레이저 프린터는 레이저 광선으로 인쇄할 부분을 감광해 정밀하게 인쇄한다.

• 레이저 지시봉(포인터)에서 나오는 가느다란 광선은 멀리서도 대상을 편리하게 가리킨다.

• 과학자들은 달까지 가느다란 레이저 광선을 보내 반사되어 오는 시간을 조사하는 방법으로 달과 지구 사이의 거리를 정밀하게 재기도 한다.

- 철강공장에서는 강력한 적외선 레이저로 쇠판을 자르고 용접을 한다.

- 전쟁터에서는 레이저 광선으로 표적을 가리키고 유도탄은 레이저가 비추는 길을 따라 날아간다.

- 병원에서는 레이저로 조직을 절단하고 암 조직을 태우며 신경이나 모세혈관과 같은 미세한 부분을 정밀하게 수술한다.

- 여러 연구소에서는 레이저를 중요한 실험 도구로 사용한다.

- 전화, 방송, PC, 인터넷 등에는 광통신을 사용하는데, 광통신선(광케이블) 속에서는 정보(소리, 영상, 문자 등)를 담은 레이저 광선이 지나간다.

- 적이 쏜 유도탄(미사일)은 엄청난 열에너지를 가진 레이저로 광속으로 표적을 파괴할 수 있다.

레이저의 의미

'레이저(laser)'는 light amplification by stimulated emission of radiation(유도 방출 광선 증폭)의 머리글자를 딴 말이다. 레이저 광선은 태양광선이나 일반적인 빛과 다르다. 레이저가 개발되기까지 많은 물리학자의 공헌이 있었다. 레이저의 원리를 이해하려면 이 물리학 개념부터 알아야 한다.

레이저가 앞서 언급한 여러 가지 용도로 쓰이는 이유는 레이저의 파장(색)이 전부 같아 흩어지지 않고 나란히 뻗어 나가는데, 렌즈를 이용해 그 빛을 모으면 아주 좁은 공간에 강력하게 집중시킬 수 있기 때문이다.

레이저는 광선을 발생시키는 데 사용하는 물질과 방법에 따라 각기 다른 파장의 빛, 가령 가시광선 파장의 빛, 적외선, 자외선, 엑스선 레이저도 만들 수 있다.

볼록렌즈를 사용해 태양 빛을 모으면 초점이 매우 커다랗게 형성되고 온도는 수백℃를 넘지 못한다. 하지만 열에너지가 강한 적외선 레이저 광선을 렌즈로 모으면 머리카락의 수십 분의 1 크기에 집속하여 수천℃의 열을 얻을 수 있다. 이 방법으로 바늘 핀 머리 넓이에 200여 개의 구멍도 뚫을 수 있게 되었다.

운동장에 골고루 흩어져 있는 수천 명의 학생이 나란히 줄지어 똑같이 발맞춰 걸으면 단시간에 많은 수가 좁은 곳을 질서 있게 빠져나갈 수 있다. 일반 광선은 사방으로 흩어지는 빛이지만 레이저 광선은 이처럼 질서 정연한 대열과 비슷하다.

52
빛과 소리는 왜 무한히 갈 수 없을까?

수면에 돌을 던지면 수면파가 동심원을 그리며 사방으로 퍼져나간다. 이 수면파는 멀리 나아가면서 차츰 소멸한다. 먼 곳에서 난 소리(음파)는 잘 들리지 않는다. 빛도 마찬가지다. 아주 먼 곳에 켜져 있는 불은 보이지 않는다. 안개가 낀 날은 가까운 빛도 잘 보이지 않는다.

수면파나 음파, 전자기파(빛)가 점차 약해지는 이유는 물이나 공기 분자와의 충돌(마찰)로 에너지가 감소하기 때문이다. 태양에서 나오는 빛은 진공 속에서 이동하기 때문에 지구에 도달할 수 있다. 하지만 지상의 방송국에서 보낸 전자기파는 공기를 지나며 점점 약해진다. 이때 중간에 전자기파를 증폭시켜 주는 중계기를 설치하면 약해진 전자기파의 에너지를 키워 더 멀리 보낼 수 있다.

등대에서는 광원에서 나오는 빛을 볼록렌즈로 모아 가능한 한 먼 곳에서 볼 수 있게 해준다. 빛의 입자는 진공 속에서 그대로 통과하지만 대기 중에서는 공기 분자와 충돌하여 점점 에너지를 잃어버린다.

53
얼음과 유리는 단단한 고체인데 왜 빛이 통과할 만큼 투명할까?

세상에 존재하는 물질의 상태는 일반적으로 고체, 액체, 기체로 나뉜다. 고체는 분자와 분자가 서로 밀착해 있으며, 액체는 흐를 수 있을 만큼 서로 여유를 두고 있으며, 기체 분자는 서로 떨어져 있어 자유롭게 움직인다.

물질을 구성하는 분자는 모두 진동하고 있다. 단단한 고체의 분자는 만원 버스 속의 승객들처럼 겨우 움직일 수 있고, 액체의 분자는 조금 여유롭게 진동할 수 있으며 기체의 분자는 아주 자유롭게 움직인다. 가령 수소 분자는 기온이 0℃일 때 초당 약 1.6km를 움직인다. 분자의 운동 속도는 온도가 높을수록 빨라지고 낮으면 느려진다.

기체가 투명하게 보이는 이유는 분자와 분자 사이에 공간이 많아 빛이 지나갈 수 있기 때문이다. 그러나 대부분의 고체 분자는 서로 붙어 있어 빛이 자유롭게 지나가지 못해 불투명하다.

모든 물체는 빛을 받으면 그 빛을 흡수하거나 반사한다. 빛은 광자이자 에너지다. 빛을 흡수하면 광자가 가진 에너지가 열로 변한다. 검은색 물체는 빛을 거의 흡수하고, 흰색 물체는 빛을 거의 반사한다.

투명하게 보이는 얼음이나 유리와 같은 고체는 빛(광자)을 받으면 반사하거나 흡수하지 않고 빛이 온 방향과 같은 방향으로 광자를 통과시키므로 투명하게 보인다. 하지만 투명체(물, 유리 등)를 지나는 일부 광자는 투명체 분자에 흡수돼 열에너지로 변하기도 한다.

태양 빛은 지구를 둘러싼 공기층의 분자 사이를 통과해 지표면까지 도달한다. 그 빛 가운데 일부는 공기 분자 속으로 들어가 무지개색으로 나뉘는데, 인간의 눈은 그중에서도 푸른빛을 강하게 감각하는 것이다.

54

비눗방울, 디스크, 나비의 날개에서는 왜 무지개색이 나타날까?

해가 밝게 비치는 날 비눗방울을 날리면 크고 작은 비눗방울 표면에 영롱한 빛이 생기는 것을 볼 수 있다. 이 현상은 수면의 기름띠에서도 나타난다. 깨끗한 물이 담긴 컵에 매니큐어 한 방울을 떨어뜨리면 표면에 마치 기름띠처럼 무지개색이 아롱거리는 것을 볼 수 있다.

비눗방울은 매우 얇은 막이다. 하지만 막의 두께는 차이가 있어 빛이 투과되거나 동그란 막 표면에서 반사되거나 굴절돼 들어가 막 안쪽에서 반사되기도 한다. 이렇게 두께가 다른 비누막의 안팎에서 반사돼 나온 빛이 만나 간섭현상을 일으키면 무지개색이 나타나게 된다.

또한 비눗방울 표면에서는 수분이 증발하면서 두께도 순간순간 변해 빛의 간섭현상이 복잡하게 일어난다. 빛도 물리학의 법칙을 따르는 것이다.

수면 레인보우 수면의 기름띠나 물에 떨어진 매니큐어의 막에서 나타나는 무지개색은 막 두께가 일정하지 않고 그 표면과 수면에서 반사되는 빛이 간섭해 아름다운 색이 비치게 한 것이다.

버블쇼 비누액을 특수하게 배합한 여러 종류의 비눗방울 액이 시중에 판매되고 있는데, 이 액에는 색소가 첨가돼 있어 더 찬란한 색이 연출되기도 한다. 이 특수 비누액을 쓰면 더 마술 같은 비눗방울 쇼를 펼칠 수 있다.

새의 깃털 새의 깃털은 촘촘하게 붙어 있어 틈새가 아주 좁다. 이 좁은 틈과 틈을 지나오는 빛은 회절과 간섭현상을 일으켜 무지개색을 만든다. 컴팩트디스크가 무지개 빛을 보이는 것과 같은 이치다.

55

형광(螢光)을 띠는 이유는 무엇일까?

현란한 빛으로 사람들의 눈을 유혹하는 네온사인은 형형색색의 형광
(螢光)을 발한다. 야간작업자들은 형광색 안전복을 착용한다. 집안을 밝히
는 형광등, 별빛처럼 반짝이는 LED 빛, 텔레비전 화면의 영상을 만드는 빛
역시 형광이다. 형광을 내는 암석(광물)이 있는가 하면 개똥벌레를 비롯한
많은 종류의 동식물과 바다 생명체들도 형광색을 발해 자신을 보호하며
살아간다.

촛불과 장작불은 불에 타면서 뜨거워지므로 발광한다. 백열등은 전류
(전기에너지)가 빛에너지로 변하면서 빛을 발한다. 야간작업복이나 도로표
지판에 칠해진 물질은 전조등의 빛을 받으면 독특한 파장의 빛을 내어 경
계심을 갖게 해준다.

달러 형광   20달러짜리 미국 화폐에 인쇄된 형광 밴
드다. 이 밴드는 판별기의 강한 자외선을 받으면 형
광색으로 나타나 위폐를 식별할 수 있다.

왜 형광이 나는가?

잎이 푸르게 보이는 이
유는 잎의 분자들이 태양광
속 녹색 파장의 빛만 반사하
고 나머지 파장의 빛은 흡수
하기 때문이다. 그러나 형광
색을 발하는 물질의 분자나
원자는 그 배경이 다르다.

형광물질의 분자나 원

자의 전자는 낮은 에너지 상태로 안정돼 있다. 이 형광물질의 분자가 자외선(강력한 전자기파) 에너지를 받으면 전자들은 들뜬 상태가 되어 형광빛을 낸다.

형광은 흡수한 빛보다 긴 파장의 빛으로 발산된다. 인간의 눈은 가시광선이라 불리는 폭넓은 범위(400~700nm)의 태양 빛에 익숙해 있다. 태양광에는 모든 색이 혼합돼 있으며 인간의 시각은 이를 백색으로 감각한다. 그러나 형광은 종류(색)에 따라 좁은 범위의 파장을 갖고 파장에 따라 고유의 색을 발한다. 우리의 눈은 이 독특한 빛을 강하게 감각하는 동시에 색다른 느낌을 받는다.

태양광은 백색이지만 형광은 파장이 일정한 빛이기 때문에 선명한 빛으로 보인다. 형광등을 대신하는 LED 램프의 빛이 유난히 눈부시게 느껴지는 이유는 백열등보다 파장의 범위가 좁은 형광이기 때문이다. 형광의

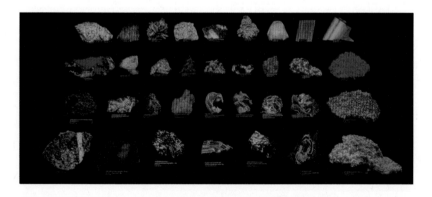

형석 불소弗素, fluorine는 화학반응을 잘 일으키는 원소 중 하나로, 불소를 함유한 암석을 '형석螢石'이라 한다. 형석은 불소와 칼슘이 결합한 CaF_2Calcium Fluoride, 불화칼슘 상태의 화합물을 함유하고 있다. 매우 단단하면서도 색이 아름다워 보석으로 이용되는 형석은 투명하지만 자외선을 받으면 형광색을 낸다. 사진은 여러 종류의 형석이다.

원리를 자세히 설명하려면 빛에 대한 양자물리학 이론에 대한 이해가 있어야 한다.

'형광'을 뜻하는 fluorescence는 자외선을 받으면 색다른 빛을 내는 '형석(fluorite)'이라는 광석의 이름에서 따온 것이다. 형광은 매우 선명(鮮明)하게 발하기 때문에 해당 물질이 늘 형광을 발한다고 생각하기 쉽지만 형광 물질은 자외선(또는 전자기파, 전기, 화학에너지)을 받을 때만 일정 시간 형광을 발한다.

56
형광등과 네온사인의 등은 어떻게 다를까?

전기와 빛의 원리에 대한 과학적 연구가 크게 진일보하기 시작한 시기는 영국의 과학자 패러데이와 맥스웰 등이 활동하던 1840년대부터였다. 1856년에는 독일의 물리학자 하인리히 가이슬러(Heinrich Geissler, 1814~1879)가 유리 진공관 속에 수은을 넣어 빛을 내게 하는 수은등을 발명하고, 1870년대에는 영국의 화학자이자 물리학자인 윌리엄 크룩스(William Crookes, 1832~1919)가 크룩스관(음극선관)을 처음 만들었다. 뒤이어 1895년에는 독일의 빌헬름 뢴트겐(Wilhelm Röntgen, 1845~1923)이 크룩스관을 이용한 X선 발생관을 발명해 1901년 노벨물리학상을 수상하기도 했다.

1900년대 초부터 크룩스관과 X선 발생관을 이용한 형광등과 네온등이 발명되었고, 1934년에는 미국의 물리학자 아서 콤프턴(Arthur Compton, 1892~1962)이 지금의 형광등과 같은 형태로 개량하면서 상품화

되었다. 그는 1927년 '콤프턴 효과'
연구로 노벨물리학상을 수상했다.

형광등의 유리관 내부를 진공상
태로 만들어 저압(低壓)의 수은 증기
와 아르곤, 크세논, 네온, 크립톤 등
형광을 내는 가스를 주입한 상태에서
전극(필라멘트)에 전류가 흐르면 수은
이 가열되고 고열의 수은은 자외선을
방출한다. 방출된 자외선은 유리관
안쪽에 칠해둔 형광물질을 자극해 형

형광신 걸음을 옮길 때마다 현란한 형
광이 비친다. LED를 이용해 형광빛을
발하도록 만든 신발은 어린이들 사이에
서 인기가 높다.

광빛을 발하게 한다. 형광등의 유리관 내부에 형광물질을 바르지 않으면
자외선을 발산하는 살균등이 된다.

네온사인은 형광등과 달리 휘어진 유리관 내부에 다양한 형광물질을
입혀 여러 가지 색을 발산하게 만든 것이다.

57

LED, OLED, QLED는 어떤 차이가 있을까?

어두운 실내에 들어가도 스위치만 누르면 조명등이 환하게 켜지는 세
상이다. 하지만 150년 전까지만 해도 나무, 기름, 양초, 천연가스 등을 태
워 어둠을 밝히는 원시적 형태의 조명을 사용했다. 전기를 발견하면서 과
학자들은 전기가 흐르는 도선에서 발생하는 고열과 빛을 이용하는 방법을

연구하기 시작했다. 최초의 전기 조명등은 백열전구였고 뒤이어 형광램프가 등장했으며 21세기에 들어오면서는 LED 램프가 대표적인 조명으로 자리 잡았다.

백열전구 조명 시대

토머스 에디슨(Thomas Edison, 1847~1931)이 1878년에 백열전구를 발명해 특허를 얻으면서 전기조명 시대를 맞았다. 이후 백열전구 제조법은 계속 발전해 현재까지도 조명등으로 이용되고 있다. 백열전구의 필라멘트는 고열에 잘 녹지 않는 텅스텐을 사용한다. 백열전구는 전기에너지의 5% 이하(평균 2.2%)를 가시광선으로 방출하고 나머지는 열로 변한다. 불이 켜진 백열전구가 뜨거워지는 이유다.

형광등 필라멘트 백열전구가 수명을 다하는 이유는 필라멘트의 재료인 텅스텐의 원자가 고열에 조금씩 튀어 나가면서 차츰 가늘어지기 때문이다. 형광등도 오래되면 유리관 양쪽 끝에 있는 필라멘트의 원자가 떨어져 나가 주변을 검게 만들면서 수명을 다한다. 이처럼 고체 원자가 고열에 의해 튀어 나가는 것을 '스퍼터^{sputter}'라 한다.

LED램프

크리스마스트리 장식으로 흔히 쓰이는 점멸등은 '발광다이오드(LED)'라는 작은 반도체에서 방사되는 빛을 이용한 것이다. 현재 발광다이오드는 조명등을 비롯한 각종 전기기구와 계기판에서 붉은색, 파란색, 노란색 등의 빛을 발하며 동작 상태를 보여준다. LED는 텔레비전 모니터를 밝히는 데 쓰여 영화관의 대형 스크린에 영상을 만드는 빛으로 발전하고 있다.

특수한 성분의 물질(반도체)에 전류를 흘려주면 화학성분에 따라 각기 독특한 파장(색)의 빛(에너지)을 낸다. 이런 현상을 전자발광이라 하며, 전자발광을 하는 반도체를 발광다이오드(LED)라 한다. 다이오드(diode)는 음극(cathode)과 양극(anode) 두 단어가 합쳐진 말로서, 전류가 한쪽 극으로만 흐르도록 한다. 과거에는 진공관과 트랜지스터가 다이오드 역할을 했다.

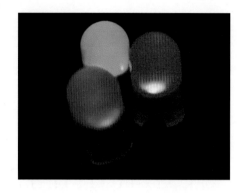

발광다이오드 발광다이오드는 적외선, 자외선, 빨강·파랑·노랑 등의 가시광선과 레이저를 내는 것 등 여러 종류가 발명되어 있다. 사진의 LED는 5mm 크기이다. LED는 전류 소비가 매우 적고 생산비도 싸며, 수명이 길기 때문에 용도가 무한 발전하고 있다.

텔레비전 리모컨은 눈에 보이지 않는 적외선이 나오는 다이오드를 사용하고 있다. 디지털 카메라의 LED는 적외선을 내어 거리 조절을 자동으로 해준다. 컴퓨터의 마우스 바닥에서 나오는 빛은 레이저 LED의 빛이다.

전자발광 현상을 처음(1907년) 발견한 과학자는 영국의 라운드(Henry Joseph Round, 1881~1966)였고, 최초의 LED는 러시아의 과학자 로세프(Oleg Losev, 1903~1942)가 1927년에 만들었다.

그후 수십 년이 지나도록 LED에 대한 연구가 진전되지 않다가 1950년대가 되면서 여러 가지 발광다이오드가 개발되기 시작했다. 적외선을 내는 갤리엄비소(GaAs)를 비롯하여, 갤리엄안티몬(GaSb), 인듐인(InP), 규소저마늄(SiGe) 등의 LED가 생산되었으며, 1960년대부터는 더 다양한 LED 제품이 쏟아져 나왔다.

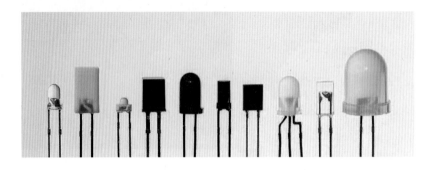

LED 종류 다양한 빛을 내는 여러 가지 모양의 LED.

2010년대 이후 LED램프는 가격이 싸지면서 5~60(W)와트가 다양하게 만들어지고 있다. 16W LED램프는 60W 백열전구와 밝기가 비슷하다. LED램프의 수명은 백열전구 평균 1,000시간, 형광등 10,000시간보다 훨씬 긴 20,000~30,000시간 이상으로 알려져 있다. 이제는 많은 자동차들이 전조등으로 LED램프를 쓰고 있으며, 손전등까지 밝고 수명이 긴 LED 램프로 대체되었다.

또한 매우 밝은 빛을 내는 다양한 색(파장)의 LED가 개발되어 광섬유를 이용하는 광통신, 전자시계, 계산기, TV 등 온갖 전자기구의 신호등으로 이용되기 시작했으며, 갤리엄비소인(GaAsP)으로 만든 붉은색 지시등도 대

LED 전구 백열전구와 형광등을 대신하여 사용하게 된 LED의 빛은 열이 거의 없기 때문에 전력소비가 적다. 사진의 LED램프는 10W 전력으로 230볼트(806루멘)의 광도를 낸다. LED 전등은 전력 소비가 백열전구의 25% 정도로 적고 조명 효율이 높으며, 열이 거의 없어 화재 위험도 감소한다.

량 생산되었다. 1994년에는 일본의 과학자들이 대단히 밝은 청색광을 내는 인듐갤리엄질소(InGaN) LED를 개발했으며, 이를 연구한 세 과학자는 2014년에 노벨물리학상을 공동 수상했다.

2000년대에 들어오면서 갤리엄질소(GAN)와 인듐갤리엄질소(InGaN) LED가 대량생산되고, 드디어 'YAG'($Y_3Al_5O_{12}Ce$)라 불리는 강한 백색광을 내는 LED가 개발되었다. YAG는 반도체 위에 인을 코팅하여 청색과 함께 노란색 형광을 낸다. 인간의 눈은 청색과 노란색 형광이 혼합된 빛을 흰색으로 느낀다. 이와 동시에 녹색, 적색 형광을 내는 LED도 개발되었으며, 새로운 LED들의 발광 효율은 점점 개선되었다. 동시에 매우 작은 LED를 개발하면서 이용도를 더욱 넓혀가게 되었다.

미술관 조명 대형 전시관과 미술관의 조명은 점차 LED로 바뀐다. 자외선이 나오지 않는 LED 램프는 작품에 손상을 주지 않는다.

마이크로 LED

LED를 현미경으로 봐야 할 정도로 조그맣게 만든 것을 마이크로 LED(mLED)라 한다. mLED로 만든 TV는 화면의 색이 분명하고 반응시간 이 짧으며 전력 소모도 적다. 몇 해 동안 mLED 텔레비전이 생산되었으나 2018년 이후에는 OLED 제품이 나오고 있다.

QLED(나노LED) : 나노과학이 발달하면서 과학자들은 LED 입자를 나노 (nano = 10억분의 1m) 크기로 만들었다. 이런 미세 LED를 퀀텀다트 LED 또 는 QLED라 부르는데, 이들은 지금까지의 LED와 다른 특성을 나타낸다. 과학자들은 그동안 TV 모니터에 이용해온 액체결정(액정 LCD)을 대신하여 더 다양하면서 시각적으로 부드러운 빛을 내는 QLED를 사용하게 되었다.

OLED : QLED 기술과 동시에 유기물(polymer)을 사용하는 유기발광다이오드, 즉 OLED도 개발되었다. 미세한 입자 크기로 만든 QLED와 OLED는 종이처럼 얇게 제조할 수 있으므로 평면이 아닌 휘어진 화면을 만들 수 있다. 그리고 입자의 수를 늘리기만 하면 화면 크기가 제한을 받지 않는다.

현재는 TV와 PC의 모니터, 폴더블 스마트폰, 비디오카메라의 화면, 대형 영화관의 화면 등으로 개발되고 있다. 종이테이프처럼 얇게 만든 것은 전시장이나 건축물의 벽면 장식 등 다양한 용도로 쓰이고 있다.

일반인들이 별로 의식하지 못하는 사이에 LED가 세상을 바꾸어 놓았고, 그 변화는 더욱 빨라지고 있다. LED가 형광등을 대신하여 가정의 조명등, 가로등, 자동차의 전조등, 거리의 교통신호등, 카메라의 플래시, 손전등, 온갖 광고판, 축제장의 불빛놀이, 나아가 온실에서 식물을 재배하는 인공조명등이 되었다. 최근에 생산되는 고선명(고화질) TV는 전부 첨단의 LED 기술을 이용한 것이다.

폴더블 디스플레이 ODED와 QLED를 사용하여 지극히 얇은 화면을 만들게 되면서 휘어지는 스마트폰, PC가 시판되고 있다.

형광은 어디에 주로 이용할까?

생명체의 조직이나 세포에 형광물질을 주입하고 변화를 추적하면 체내에서 일어나는 현상을 알아낼 수 있다. 철새나 고래의 피부에 형광물질을 발라두면 이동 경로를 추적하기 쉽다. 인체가 형광을 발광하는 경우도 있다. 비타민제를 많이 복용한 뒤 진한 황색 소변이 배출될 때가 그렇다. 비타민B 중 B2로 알려진 리보플라빈(riboflavin)이 자외선을 받아 형광을 발광하기 때문이다.

교통신호등의 붉은색, 푸른색, 황색 빛이나 도로표지판의 색도 운전자의 눈에 잘 띄는 형광이다. 인광(燐光)은 형광과 다르다. '인광'을 뜻하는 phosphorescence는 고대 그리스어 phos(빛), phoros(가지다), escence(되다)를 합쳐 만든 말로, 고등동물의 뼈에 상당량 포함된 인(燐) 성분이 비교적 낮은 온도에서 야광 현상을 일으키기 때문에 붙인 용어다. 형광은 빛을 받아야 발광하지만 인광은 다소 길게 발광이 지속된다.

형광 광고   인간은 대체로 시각을 통해 정보를 얻는다. 텔레비전과 스마트폰, 광고판이나 전광판의 화면 모두 빛이 전달하는 정보다. 형광물질을 입힌 어두운 방에 자외선을 비추면 위와 같은 현란한 영상이 나타난다. 오늘날 형광물질 개발 및 이용과 관련된 연구는 높은 경제적 가치를 지닌 것으로 여겨지고 있다.

어군탐지기는 어떻게 물속의 고기를 보여줄까?

구급차가 사이렌을 울리며 가까이 다가올수록 사이렌 소리도 점점 높아지고 멀어지면서 소리가 낮아지는데, 이는 음파의 도플러 효과 때문이다. 이 효과를 과학적으로 규명한 과학자는 오스트리아 수학자이자 물리학자인 크리스티안 도플러(Christian Andreas Doppler, 1803~1853)다.

음파와 광파에는 파고(波高, 진폭)와 파장, 주파수(진동수)가 있다. 파장은 파와 파 사이의 거리다. 음파가 고막을 진동시킬 때 파장이 길면 음의 높낮이가 낮게 들리고, 파장이 짧으면 높은 소리로 들린다.

사이렌 소리를 내는 차가 정지해 있으면 사이렌 음파는 원을 그리면서 모든 방향으로 퍼져나간다. 정지한 상태에서 사이렌 소리를 듣는다면 도

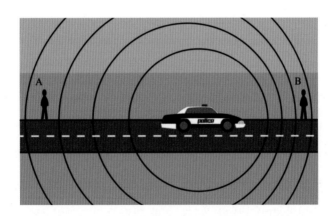

도플러 효과   자동차가 같은 속도로 진행하면서 사이렌 소리를 내고 있다면, 그 소리의 진동수(주파수)는 일정하다. 그러나 자동차가 가까워질 때 오른쪽 사람의 귀에 들리는 소리는 압축되면서 파장이 짧아져 크게 들리고, 차로부터 멀어지는 왼쪽 사람에게는 파장이 펴져(길어져) 작게 들린다.

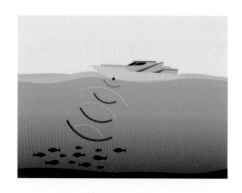

어군탐지기 어군탐지기는 사람이 듣지 못하는 초음파를 발신하고 반사되어 오는 파를 수신하여 물고기의 정보를 확인하는 편리한 음향장비다.

플러 효과가 일어나지 않는다. 구급차 가까이 접근하면 파의 간격(파장)이 짧아지는 효과가 나타나기 때문에 소리가 높게 들리고 그 반대가 되면 소리는 낮아진다. 이 효과는 기차가 지나쳐 가거나 비행기가 상공을 지나갈 때도 경험할 수 있다.

어군탐지기는 사람이 듣지 못하는 초음파를 발신하고 반사되어 오는 파를 수신하여 물고기의 존재와 크기, 양 등을 확인하는 편리한 음향장비다. 물고기가 움직이고 있을 때 어군탐지기의 초음파가 발신되고 있다면, 그 반사음에서는 도플러 효과가 나타날 것이다.

초음파가 반사하는 음파를 영상으로 볼 수 있도록 만든 장치(초음파 영상장치)는 어군탐지기만 아니라 인체 장기의 진단에도 잘 이용되고 있다. 병원에서 이용하는 초음파 영상장치는 인체에 해가 없는 주파수의 초음파(2~30MHz)를 사용한다. 혈관 속으로 혈액이 정상적으로 흐르고 있는지를 확인하는 데는 이 장치가 매우 편리하다. 혈관에는 혈액이 항상 흐르고 있으므로 혈관 쪽으로 이동하면서 초음파를 쏘면, 내부의 형태와 도플러 효과에 의해 영상에 변화가 나타난다. 이때 혈관 속의 혈액이 정상으로 흐르지 않고 어느 부위가 막혀 있거나 흐르는 속도에 변화가 있으면, 도플러 효과에 의해 그 상태가 나타나기 때문에 전문 의사는 그 위치와 상태를 영상으로 진단할 수 있다.

태아(胎兒)의 건강상태를 확인할 때 초음파 진단장치를 사용한다. 태아가 건강하게 움직이고 있으면 그 상태가 진단장치의 영상에 도플러 효과로 나타난다. 초음파 진단장치는 음파의 도플러 현상을 눈으로 볼 수 있는 흑백 영상으로 나타내는 장치이다.

60
빛도 음파처럼 도플러 효과가 나타날까?

전자기파(빛)도 도플러 효과가 나타난다. 광원이 접근하면 파장이 짧아지고 멀어지면 파장은 길어진다. 가시광선 파장의 빛일 경우 광원이 멀어

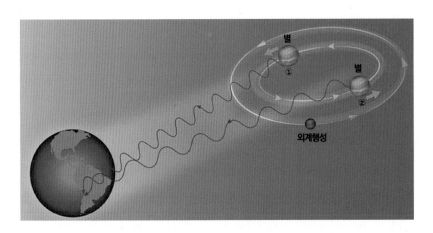

도플러별 관측 천문학자들은 별이나 은하계가 지구와 떨어진 거리나 이동 속도를 조사할 때 그 천체에서 오는 빛의 파장 변화를 주변의 다른 천체와 비교 조사해 알 수 있다. 그뿐만 아니라 그 천체가 회전하고 있는지 얼마나 빨리 회전하는지도 알 수 있다.

기상레이더 기상관측 레이더는 하늘을 향해 전자기파를 방사해서 구름의 물방울에 반사되어 되돌아올 때 나타나는 도플러 효과를 분석하는 방법으로 구름과 태풍이 이동하거나 확장하거나 축소되는 상태를 판단한다.

지면 붉은색 파장(스펙트럼) 쪽으로 변하고, 접근하면 파장이 짧아져 청색 쪽으로 움직일 것이다.

일기예보 시 나타나는 레이더 영상은 레이더에 잡힌 전자기파의 도플러 효과를 세밀하게 분석해 보기 쉽게 나타낸 것이다. 기상레이더는 필요한 지역 곳곳에 설치되고 각 레이더의 정보는 슈퍼컴퓨터가 분석하여 기상을 예측한다.

지구 궤도를 돌고 있는 기상위성은 위성에 장착된 도플러 효과 측정장치로 태풍(허리케인, 토네이도)의 구름 상태를 관측하여 지상의 기상예보관들에게 알려준다.

교통경찰관이 사용하는 스피드건은 달려오는 자동차가 반사하는 전자기파의 도플러 효과를 컴퓨터로 분석하여 속도를 나타내도록 만든 것이다. 소형 스피드건은 야구, 배구, 골프공 등의 속도를 측정하는 데도 이용된다.

오스트리아의 물리학자 도플러가 1841년에 처음 수학적으로 밝힌 도플러 효과는 컴퓨터와 카메라가 발달하면서 더욱 다양하고 편리한 정밀 측정장치로 발전하여, 우주를 관측하는 허블우주망원경, 제임스웹 우주망원경에서도 중요한 관측장비로 활용하고 있다.

61

분광광도계는 어떻게 물질의 성분을 분석할까?

화학 · 생명과학 · 환경과학 · 제약학 분야에서는 '분광광도계(spectro-photometer)'라는 실험장비를 이용해 미지의 물질을 구성하는 성분을 정밀 분석하고 있다. 보통 '스펙트로미터'라 불리는 이 장치는 많은 연구실에서 이용하는 기본 실험장비다.

화학실험실에서는 실험 재료를 고온으로 가열하거나 살균할 때 분젠 버너를 사용한다. 1855년 독일의 화학자 로베르트 분젠(Robert Bunsen, 1811~1899)이 개발한 조그마한 버너는 가스(당시에는 석탄가스)를 연료로 공기를 적절히 혼합해 불꽃이 작으면서도 고온으로 연소하도록 만든 장비다.

분젠은 하이델베르크 대학의 동료이자 친구인 물리학자 구스타프 키르히호프(Gustav Kirchhoff, 1824~1887)와 함께 프리즘을 이용해 빛을 분산시키는 분광기(spectroscopy)를 최초로 발명했다.

이들이 분젠 버너를 이용해 각 원소를 빛이 날 정도로 가열하여 분광기로 관찰한 결과, 원소 종류마다 각기 다른 검은 선을 가진 스펙트럼이 나타났다. "빛이 나도록 뜨거워진 원소는 각기 다른 독특한 스펙트럼선의 빛을 낸다."

두 사람은 분젠 버너와 분광기로 세슘(1860년)과 루비듐(1861년)을 발견

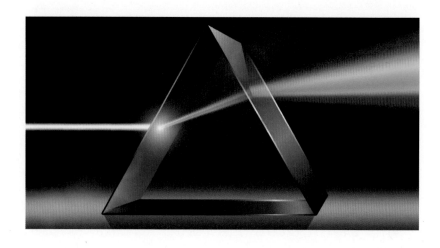

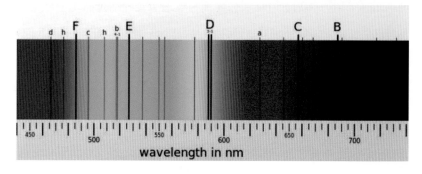

분광　프리즘을 통과한 빛은 파장에 따라 굴절률이 달라 분산되어 상처럼 나타난다. 이렇게 분산돼 나타나는 빛을 '스펙트럼spectrum'이라고 한다.

하는 데 성공했다. 이어서 태양 빛을 분광기로 분석해 태양에 나트륨이 존재한다는 사실도 밝혀냈다. 오늘날 과학자들은 정밀한 분광광도계로 별빛을 분석해 별의 성분을 조사한다. 분광광도계를 이용해 온갖 물질의 성분을 분석하는 연구를 '분광학(spectroscopy)'이라 한다.

스펙트로미터 스펙트럼을 정밀하게 분석하는 광학 장치를 '분광기|spectrometer'라 한다. 이 분광기를 더 정밀하게 제작해 스펙트럼을 자세히 분석할 수 있게 해주는 실험장비가 분광광도계다.

62

백열전구 필라멘트는 왜 종종 끊어질까?

백열전구는 수명이 길지 않다. 예고도 없이 한순간 불이 나갈 때도 있다. 백열전구 안에는 '필라멘트'라는 가느다란 코일이 있다. 이 코일은 텅스텐이라는 금속으로 만든 것으로, 이 안으로 전류가 흘러들면 밝은 빛과 열을 낸다. 이때 텅스텐의 온도는 2,400℃를 넘어가기도 하지만 열에 강한 금속이다.

구리선 속으로 흐르는 전류(전자)는 저항을 거의 받지 않고 지나가므로 열이 나지 않는다. 하지만 텅스텐 속으로 전자가 흐르면 텅스텐 분자와 심한 충돌을 일으켜 높은 열이 나고 빛을 낸다. 전열기에서는 니크롬선을 사용하는데, 니크롬은 1,400℃에서 녹아내린다.

하지만 텅스텐은 녹는 온도가 3,422℃다. 전기저항이 니크롬보다 크기 때문에 밝은 열과 빛을 낼 수 있다. 금속 중에서 잡아당기는 힘에 가장 질긴 성질을 가져 가느다란 선으로 만들기에 적당하다.

백열전구 속은 공기가 전혀 없는 진공이거나 '아르곤'이라는 기체로 채워져 있다. 백열전구 속에 산소가 조금이라도 남아 있으면 필라멘트는 순식간에 산소와 결합해 타버린다. 백열전구 속에는 산소가 없어 필라멘트가 불에 타 끊어질 수 없다. 하지만 텅스텐 필라멘트가 장시간 고온을 유지하면 텅스텐 일부가 조금씩 증발해 가늘어지고 결국 끊어진다.

끊어진 전구를 조사해 보면 유리구 일부가 검게 그을린 것을 볼 수 있다. 이는 필라멘트가 탄 흔적이 아니라 증발한 텅스텐 입자가 유리 표면에 붙은 것이다. 따라서 백열전구 유리에 검은색이 나타나기 시작한다면 수명이 얼마 남지 않았다는 표시로 보면 된다.

백열전구는 형태가 단순하다. 하지만 전류를 발견한 1800년대 초부터 현재 사용하는 백열전구가 발명되기까지 수많은 과학자의 노력이 있었다. 1878년 백열전구를 개발해 특허를 따낸 에디슨은 흑연으로 필라멘트를 만들었다. 흑연 필라멘트는 수명이 13시간 30분 정도였다. 최초의 텅스텐 필라멘트는 1904년 헝가리의 두 발명가가 특허를 땄고, 이후 여러 차례 개량된 특허가 나와 지금의 텅스텐 필라멘트가 되었다.

63

형광, 인광, 냉광은 어떻게 다를까?

자동차가 달리는 어두운 길에는 형광물질이 함유된 페인트로 칠한 교통 표지판을 설치한다. 완전히 어두운 곳에서는 이 형광 표지판이 보이지 않지만 자동차 헤드라이트가 비치는 순간 환하게 드러난다. 이처럼 외부의 빛이나 X선과 같은 빛 에너지를 받을 때 발광하는 빛을 '형광(螢光)'이라 한다.

형광은 어둠 속에서 스스로 빛을 낸다고 알고 있는 사람도 있는데, 사실 형광물질은 외부로부터 다른 빛(에너지)을 받아야 빛을 발한다. 어떤 물체가 외부로부터 빛(광자)을 받으면 광자의 자극으로 형광물질의 분

안전조끼 이 안전조끼는 형광물질이 덮여 있어 어둠 속에서 빛을 받으면 연두색 형광으로 선명하게 보인다.

자가 맹렬히 운동하면서 빛이 방출되는 것이다. 빛을 받으면 100,000,000분의 1초 후에 형광이 발하고 빛이 꺼지면 방출하는 빛도 곧 사라진다.

낮은 온도에서 산화하여 빛을 내는 인

인광은 원소 중 하나인 인이 외부로부터 열(적외선)을 받아 온도가 높아지면서 산소와 산화반응을 일으키면 나오는 빛이다. 인광은 외부 자극을 받으면 약 1,000분의 1초 후에 빛이 나며 형광과 달리 외부의 열 자극이 없어져도 얼마간 빛을 낸다.

형광물질과 인광물질을 섞은 것을 형인광물질이라 한다. 이 물질은 형광등의 벽, 레이더 화면, 텔레비전의 브라운관 화면, 컴퓨터 화면, 적외선 카메라 화면, 투시망원경 화면, 야간 표시판, 야광시계의 문자판 등에 칠해져 있으며 잉크나 페인트에 섞어 형광 잉크나 페인트로 만들기도 한다. 형

인광물질을 칠한 야광시계 문자판은 빛이 없어도 얼마간 빛을 낸다.

형광물질은 종류가 다양하며 물질에 따라 드러내는 색도 다르다. 형인 광물질에 쬐이는 에너지(빛 또는 열)의 강도에 따라 나오는 빛의 밝기도 달라진다. 인광과 형광 역시 개똥벌레의 불처럼 열이 없는 냉광이다.

유리거울은 어떻게 만들까?

깨끗한 물속을 들여다보면 반사된 얼굴이 비친다. 물은 투명체이지만 약간의 빛을 표면에서 반사하기 때문이다. 물이나 창유리의 표면은 매우 평평하고 매끈해 받은 빛을 방향만 바꾸어 그대로 반사한다.

옛 선인들은 금속판을 수평으로 판판하게 다듬고 반질반질 윤이 나도록 손질해 거울로 사용했다. 금속 중에서도 은과 아연은 특히나 빛을 잘 반사한다. 중세의 고급 거울은 매끈한 금속판을 유리 뒷면에 붙여 만든 것이었다. 이 거울은 12세기에 이탈리아 베니스에서 주로 생산됐다. 당시 거울 제조법은 기술자들 사이에서도 비밀이었다고 한다.

요즘에는 유리 표면 또는 뒷면에 은이나 알루미늄을 얇게 발라 거울을 만든다. 유리 표면에 은을 고르게 입히는 화학적인 방법은 1835년 독일의 화학자 유스투스 본 리비히(Justus von Liebig, 1803~1873)가 처음 개발했다. 일반적으로 은이나 알루미늄을 표면에 발라야 품질이 좋은 거울이라 할 수 있지만 거울 표면에 흠집이 나기 쉬워 대개 거울 뒷면에 바른다.

연구용 특수 유리나 반사망원경에 쓰이는 오목거울은 표면에 알루미늄을 입힌다. 유리 표면에 알루미늄을 입힐 때는 진공 속에서 알루미늄 증기를 쏘이는 진공 코팅 방법을 쓴다. 그래야 일정한 두께로 얇고 매끈하게 알루미늄을 입힐 수 있다.

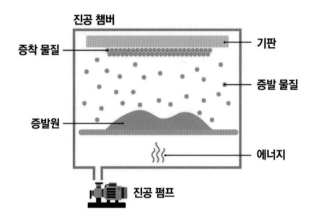

진공 코팅의 원리 내부의 공기를 빨아낸 진공 상태에서 코팅 소재 금속을 고온으로 가열하면 증기가 돼 유리 표면에 매우 얇고 고르게 부착된다.

65
해왕성처럼 먼 행성에서는 태양이 얼마나 밝아 보일까?

밤하늘에 보이는 대다수의 별은 태양보다 밝게 빛난다. 하지만 희미하게 보이는 이유는 거리가 너무 멀기 때문이다. 태양에서 가장 가까운 수성에서 태양을 바라보면 지구에서 볼 때보다 세 배 정도 더 커 보이며 그 빛도 너무도 강렬해 1초도 되지 않아 눈이 멀 것이다. 그런데 수성의 하늘은 완전한 검은색이다. 수성에는 빛을 반사하고 산란시킬 공기가 없기 때문이다. 강력한 태양 빛을 받을 때 수성의 표면 온도는 450℃ 정도로 높다.

수성 다음에 있는 금성은 거리가 좀 더 멀지만 표면 온도는 수성보다 더 높다. 금성 표면이 이산화탄소로 이루어진 짙은 구름으로 덮여 있어 온실효과가 심하게 나타나기 때문이다. 금성의 온도가 약 500℃에 이르는 것도 이 때문이다.

화성에서 태양을 바라보면 지구에서 보는 태양 크기의 3분의 2 정도로 작아 보인다. 따라서 화성에 비치는 태양 빛도 지구에서보다 어두워 보인다. 목성을 지나 토성에 이르면 태양은 더 작아 보이고 빛도 희미하며 기온도 매우 낮다. 그래서 토성 둘레의 흰 띠는 전부 어름이다. 태양계 행성 중에서 가장 멀리 있는 해왕성에서는 태양이 아주 작은 별에 불과할 뿐이다.

66

레이더와 음파탐지기(소나)는 어떻게 다를까?

'음파탐지기'는 영어로 '소나(sonar)'라고 하며 '소리로 항해를 한다'(SOund Navigation And Raging)를 의미한다. '전파탐지기(레이더 radar)'는 '전자기파로 탐지한다(RAdio Detection And Ranging)'를 의미한다.

이 두 가지 탐지 기구는 눈에 보이지 않는 파(음파 또는 전자기파)를 보냈다가 반사돼 오는 파를 받아 물체의 형체와 물체까지의 거리를 측정한다. 레이더는 빛의 속도로 가는 전자기파를 사용하고, 음파탐지기는 귀에 들리지 않는 초음파를 이용한다.

지상에서는 주로 레이더를 이용하지만 수중 통신이나 탐지, 어군 탐지에는 음파를 사용한다. 전자기파는 전달 속도가 빠르지만 물속에서는 멀리 가지 못한다. 하지만 음파는 수중에서도 상당한 거리를 갈 수 있다. 또한 수중 음파는 속도가 공기 중에서보다 약 4배(초속 약 1,400m) 빠르다.

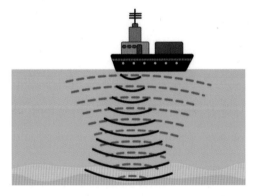

소나의 원리 음파탐지기의 원리를 나타낸다. 레이더는 음파 대신 전자기파를 이용한다. 소나를 이용해 물체의 형태와 물체까지의 거리를 짐작할 수 있다.

67
변색 안경의 유리는 왜 색이 변할까?

안경 렌즈 중에는 빛이 강하면 검게 변하고 빛이 약한 그늘에 오면 색이 투명해지는 것이 있다. 이 같은 안경 렌즈를 광변색성 렌즈(변색 안경)라 부른다. 광변색성 렌즈는 안경과 색안경의 기능을 동시에 하므로 특수한 안질환이 있는 환자에게 편리하다.

변색 안경 제조법은 두 가지다. 첫 번째는 안경 렌즈 속에 염화은과 구리 입자를 미량 넣는 것이다. 빛을 받으면 염화은과 구리 사이에 광화학반응이 일어나 은 입자가 안경 렌즈 표면으로 이동해 빛을 차단함으로써 짙은 색으로 변하고 빛이 사라지면 은 입자는 다시 원상태로 돌아간다.

두 번째는 '폴리머(polymer)'라 부르는 특수한 플라스틱으로 만드는 것이다. 화학을 공부하는 사람이라면 이 용어를 자주 마주칠 것이다. 플라스틱, 합성섬유, 비닐 등이 폴리머고, 자연계에서는 단백질, DNA, 식물의 섬유질, 고무, 전분(澱粉) 등이 폴리머다. 폴리머는 화학물질의 이름이 아니라 '분자가 결합한 형태'를 뜻하는 용어다. '중합체(重合體)'라고도 부르지만 보통 '폴리머'라고 부른다.

가령 진주목걸이는 같은 모양의 작은 진주알이 여러 개 꿰어져 있다. 작은 분자가 수없이 연결돼 거대한 분자를 이루는 물질이 많이 있는데, 마치 1개씩(분자 1개) 차곡차곡 쌓아 올린 다수의 벽돌(다수의 분자)로 이루어진 벽돌담과 비슷하다.

화학에서 폴리머의 기본을 이루는 단순한 분자(벽돌 1개)는 '모노머(monomer)'라 하고, 모노머가 수만 수십만 개 연결된 것을 폴리머(벽돌담)라 한다. 폴리머 중에는 한 가지 모양의 모노머만 연결된 것도 있고, 몇 가지 다른 구조를 가진 모노머들이 복잡하게 이어진 것도 있다. 폴리머는 모노머가 끝없이 길게 이어진 구조이기 때문에 실처럼 길다. 이 실을 얽으면 그물과 같은 구조가 되기도 한다.

폴리머 선글라스

폴리머로 만든 변색안경은 밝은 곳이나 어두운 곳으로 이동할 때 변색이 일어나는 데 1분이 소요된다. 미국 조지아 공대의 화학자들은 2015년에 1초 만에 변색하는 폴리머 안경을 개발했다. 광도에 따라 변색하는 폴리머 플라스틱은 전도성(傳導性)이 있어 안경에 부착된 버튼을 누르는 순간 전류(전자)가 흘러 즉시 색이 진해지고 전류를 차단하면 투명해진다.

스마트윈도 변색 폴리머 플라스틱은 색안경뿐만 아니라 건물 유리창에도 이용할 수 있다. 가령 빛이 약한 겨울에는 투명한 상태로 변해 태양 빛이 많이 들어오게 하고, 반대로 여름에는 빛을 차단하게 할 수 있다. 이런 창유리를 '스마트 윈도' 또는 '스마트 유리'라 부른다. 하지만 제작비가 많이 들어 아직 상용화되진 못하고 있다.

3장

빛을 이용하는
광학기구

✳

68

상이 커지고 작아지는 거울은 어떻게 만들까?

고대 그리스와 중국 사람들은 금속으로 오목한 그릇을 만들었다. 또 금속 표면을 윤이 나도록 연마해 거울을 만들기도 했다. 오목한 접시나 그릇 표면을 반질반질하게 하면 햇빛이 한곳에 모이거나 물체가 확대돼 보이는 거울이 된다는 것을 알았던 것이다.

볼록렌즈를 쓰면 빛을 초점에 모을 수 있는 데 반해, 오목렌즈는 빛을 흩어지게 한다. 과학자들은 오목렌즈, 볼록렌즈, 거울, 오목거울, 볼록거울, 프리즘 등을 이용해 여러 가지 편리한 광학기구를 만들었다.

벽거울, 손거울, 자동차 백미러, 전방의 도로 상황을 확인하기 위한 도로반사경 등 거울은 없어서는 안 될 광학기구다. 거울은 카메라, 망원경, 레이저 장비 등 온갖 광학기구의 핵심 부품으로 기능한다.

평면거울 : 일반적인 벽거울이나 손거울은 평면거울이다. 유리면이 평

면이 아니거나 표면 연마(polishing) 상태가 불량하면 거울에 비치는 상이 일그러져 보인다. 유리 표면을 완전한 평면으로 연마하는 것은 중요한 기술이자 공정이다.

볼록거울 : 도로의 도로반사경이나 자동차 백미러는 표면을 구형으로 볼록하게 만든 거울이다. 볼록거울은 상은 작아 보이지만 넓은 영역을 볼 수 있는 광각(廣角) 거울이다.

오목거울 : 거울에 비친 얼굴이 실제보다 크다면 거울 안쪽이 공의 안쪽 면처럼 오목하게 들어간 거울이다. 원거리 물체를 크게 볼 수 있는 반사망원경의 거울도 오목거울이다. 오목거울은 빛을 초점에 모으고 확대된 상을 보여준다(물체가 초점거리보다 멀리 있으면 거꾸로 선 작은 상으로 보인다). 반사망원경의 오목거울은 '포물면 거울'이라고 해서 '구면수차(球面收差)' 현상이 없게 만든다. 구면수차는 렌즈나 오목거울에서 굴절 또는 반사된 빛이 초점에 완전하게 집중되지 못하는 광학적 현상이다.

연구용 거울 : 레이저 장치나 특수한 광학적 연구에 쓰는 거울과 반사망원경에 이용되는 오목거울은 유리 뒷면이 아닌 표면에 반사물질(알루미늄)을 입힌다.

불록렌즈는 어떻게 빛을 초점에 모아, 물체를 커 보이게 할까?

빛은 진공 속을 지날 때 1초에 약 30만km 속도로 나아간다. 하지만 공기 속을 지날 때는 공기 분자의 방해를 받아 속도가 이보다 조금 느려진

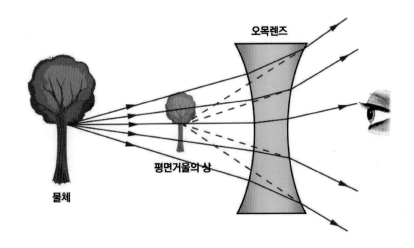

오목렌즈 영상 오목렌즈로 멀리 있는 나무를 보면 실물상이 점선 위치에 작은 모습으로 보이게 된다.

다. 공기보다 밀도가 더 높은 물이나 유리를 지날 때는 더욱 느려진다. 이처럼 빛은 밀도가 높은 물질 속을 지날 때는 느리게 나아가므로 굴절 현상이 일어난다. 볼록렌즈를 지나온 빛은 한 점에 모인다. 빛이 모이는 곳을 '초점'이라 하고, 렌즈 중심에서 초점까지의 거리를 '초점거리'라 한다.

반면, 오목렌즈를 지나온 빛은 다음 그림과 같이 퍼져나간다. 오목렌즈의 초점은 실제로는 보이지 않기 때문에 '허초점'이라 부른다.

자동차 사이드미러에 비치는 상은 왜 작게 보일까?

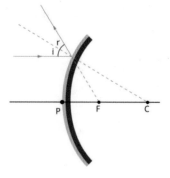

렌즈에 볼록렌즈와 오목렌즈가 있듯 거울은 표면이 공의 바깥면처럼 볼록한 거울(convex mirror)과 반대로 공의 안쪽 면처럼 오목한 거울(concave mirror)이 있다. 자동차의 사이드미러는 차의 배경(背景)이 광범위하게 보이도록 볼록거울로 만든다. 볼록거울의 상은 실제보다 작고 더 멀리 있는 것처럼 보인다.

볼록거울 반사　볼록거울 표면에서 반사되는 빛은 반사의 법칙에 의해 입사각(i)과 반사각(r)이 동일하게 반사돼 나아가기 때문에 F에 초점을 형성한다.

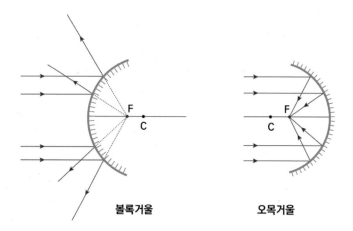

볼록거울　　　　　　　　오목거울

볼록거울 영상　큰 화살표로 그려진 실물이 볼록거울에 비치면 빛은 붉은색 선처럼 나아가며 거울 뒤에 작은(청색) 영상을 형성한다.

오목거울에 비친 상은 왜 커 보일까?

그리스의 수학자이자 과학자인 아르키메데스(Archimedes, 287BC~212BC)는 오목거울로 빛을 초점에 모으는 방법으로 적군의 배를 불태울 수 있다는 흥미로운 발상을 한 것으로 전해진다. 기원전 214년, 로마군의 배가 아르키메데스가 사는 시칠리아섬의 시라쿠사를 침공했을 때 그는 여러 사람이 반사거울을 들고 햇빛을 반사해 적선의 특정 지점을 일제히 비추면 적선에 불을 지를 수 있다는 생각을 했다고 한다.

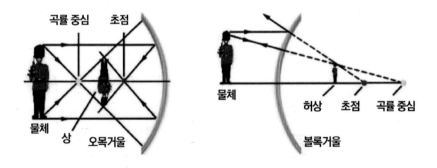

오목거울 오목거울 표면이 둥근 구면球面이면 초점에 빛이 모인다. 오목거울의 초점 안에 있는 상은 확대돼 보이지만 초점 바깥에 놓인 상은 뒤집힌 상으로 작게 보인다.

최초의 안경은 언제, 무엇으로 만들었을까?

안경은 광학기구 중에서 가장 구조가 간단하면서도 쓸모가 많다. 안경을 언제부터 쓰기 시작했는지는 명확하지 않지만, 문헌 기록으로 보아 700여년 전부터 동양과 서양에서 유리를 갈아 만든 안경을 쓴 것을 알 수 있다. 안경 쓴 사람을 그린 초상화 중에서 가장 오래된 것은 이탈리아의 화가 토마소 다 모데나(Tomaso da Modena, 1326~1379)가 1352년에 그린 〈프로방스의 휴〉라는 작품이다. 그때까지만 해도 안경은 모두 볼록렌즈로 만든 것이었다.

오목렌즈 안경이 최초로 등장한 시기도 정확하지는 않지만, 1517년 라파엘이 그린 교황 레오 10세의 초상화를 보면 교황이 근시용 렌즈를 쓰고 있다.

미국의 벤저민 프랭클린(Benjamin Franklin, 1705~1790)은 1784년에 복초점(bifocal) 안경을 발명했다. 이 안경은 윗부분의 오목렌즈와 아랫부분의 볼록렌즈를 연결해 테로 고정한 것이다. 이 복초점 안경은 근시이면서 원시인 사람에게 필요하다. 지금은 필요에 따라 삼중 초점 안경도 제작한다.

유리가 귀하던 시절에는 투명한 암석인 석영(石英)이나 수정(水晶)을 연마해 안경알을 제작했다. 지금은 굴절률이 좋고 단단한 광학유리로 렌즈를 제작한다. 굴절률이 큰 유리는 얇아도 굴절이 많이 되므로 가벼운 안경을 만들 수 있다.

세계 최대의 천체망원경은 얼마나 클까?

망원경을 처음 발명한 사람은 안경알 제작자였던 한스 리퍼세이(Hans Lippershey,1570~1619)로 알려져 있다. 동시대인이었던 자카리아스 얀센과 자콥 메티우스도 망원경을 만들었지만 리퍼세이가 1608년에 먼저 특허를 얻었다. 망원경을 지상의 물체를 관측하는 데만 썼던 그와 달리 갈릴레이(Galileo Galilei 1564~1642)는 1609년 직접 망원경을 제작해 천체를 관측하며 놀라운 발견을 했다.

망원경에는 광학망원경과 전자기파를 관측하는 전파망원경이 있다. 광학망원경은 다시 굴절망원경과 반사망원경으로 크게 나뉜다. 굴절망원경은 별을 향하는 렌즈(대물렌즈)가 볼록렌즈이고, 반사망원경은 볼록렌즈가 아닌 오목거울을 쓴다. 초기 망원경 모두 볼록렌즈를 이용한 굴절망원경이었다. 이 굴절망원경은 대물렌즈의 직경이 클수록 더 많은 빛을 초점에 모을 수 있어 어두운 별을 잘 볼 수 있게 해준다. 하지만 굴절망원경의 경우 대물렌즈의 직경이 1m 이상이면 상이 분명치 않는 광학현상이 일어난다. 따라서 대형 천체망원경은 반사망원경으로 제작한다.

천문대에서는 대부분 대형 반사망원경을 이용한다. 미국 캘리포니아주 팔로마 천문대에는 직경이 5m에 이르는 유명한 반사망원경이 있다. 1948년에 설치된 이 반사망원경은 천문학자 조지 엘러리 헤일의 이름을 딴 '헤일망원경(Hale Telescope)'으로 불린다. 1974년 러시아가 직경 6m 반사망원경을 만들기 전까지만 해도 세계 최대의 반사망원경이었다.

마우나케아(Maunakea)　오늘날 가장 큰 반사망원경은 하와이에 있는 마우나케아 천문대의 직경 10m 반사망원경과 일본에 있는 직경 8.2m 반사망원경이다.

학생들이나 아마추어 천체 관측가들이 사용하는 소형 천체망원경은 두 가지다. 굴절망원경은 사용이 편하지만 가격이 비싸다. 반사망원경은 비용도 저렴하고 크게 확대된 상을 보여준다.

74
망원경의 해상능, 색수차, 구면수차, 집광력이란 무엇일까?

돋보기(확대경)로 글씨를 최대한 확대해 보면 중심부는 크고 선명해 보이지만 주변부로 갈수록 무지개색이 나타나면서 흐릿한 상으로 보인다. 이 현상이 심하게 나타나면 상의 선명도가 나빠지는데, 선명하게 보이는 정도를 '해상능'이라고 한다.

볼록렌즈나 오목렌즈를 보면 중심부와 주변부의 두께가 다르다. 두께가 다르면 렌즈 위치에 따라 굴절각이 조금씩 달라져 한 점에서 모든 빛이 모이지 못해 결과적으로 상이 흐려지는데, 이 현상을 '구면수차'라고 말한다. 물체를 고배율로 보았을 때 주변의 상이 흐리게 보이는 것은 구면수차 때문이다.

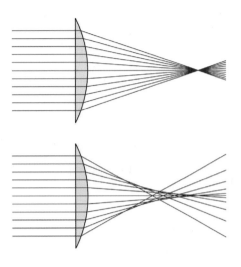

구면수차 렌즈를 지나온 빛이 렌즈의 형태 때문에 초점에 모이지 못하는 현상이 구면수차다. 렌즈가 만드는 수차에는 이 외에도 코마수차, 비점수차 등이 있다.

품질이 떨어지는 망원경으로 물체를 보면 가장자리에 무지개색이 조금 보인다. 이 현상을 '색수차(chromatic aberration)'라고 하는데, 렌즈의 두께에 따라 빛 의 굴절 정도가

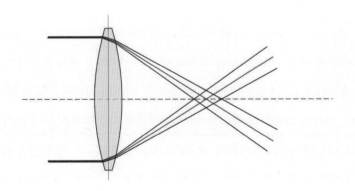

색수차 렌즈를 지나온 빛이 파장의 차이 때문에 초점에 모이지 못하는 것을 '색수차'라 한다.

달라 나타나는 현상이다. 즉, 모든 파장의 빛이 렌즈를 통과한 후에 한 점에 모이지 못해 생기는 결과다. 색수차가 심하면 상이 선명하지 못하다.

카메라의 렌즈나 쌍안경의 렌즈는 여러 개의 렌즈가 모여 하나의 렌즈를 구성하고 있다. 이는 굴절률과 곡면의 형태가 다른 렌즈를 서로 결합해 구면수차와 색수차를 최소한으로 줄이기 위한 것이다. 색수차와 구면수차가 생기지 않도록 보정(補整)하지 못한 광학기구는 상의 해상능(해상력, 분해능)이 떨어진다.

75
망원경의 집광력(集光力)이란 무엇일까?

눈의 동공은 투명한 볼록렌즈이다. 어두운 곳에서는 렌즈를 크게 열어 많은 빛이 들어오도록 하고, 밝은 곳에서는 조그맣게 열어 빛이 조금 들어오게 한다. 쌍안경, 망원경, 카메라 또는 천체망원경은 대물렌즈의 직경이 클수록 많은 빛이 들어오므로 상을 크게 확대하여 볼 수 있다.

망원경의 커다란 대물렌즈는 직경이 큰 레이더 안테나처럼 빛을 모으는 역할을 한다. 인간의 눈은 직경이 약 7mm인 작은 볼록렌즈이다. 가정에 직경이 5cm(50mm)인 쌍안경이 있다면, 이것의 집광력은 눈의 약 50배이다. 이것을 계산하는 방법은, 망원경 대물렌즈의 면적을 눈의 렌즈 면적으로 나누면 된다. 망원경의 대물렌즈(또는 반사경)는 직경이 크면 클수록 만들기가 어렵다. 또한 대물렌즈가 크면 주변 구조물도 커지므로 무겁고 거대한 장비가 된다.

쌍안경에 표시된 7 × 35, 10 × 50은 무엇을 가리킬까?

맨눈으로 별을 관찰하다가 쌍안경으로 다시 보면 훨씬 더 많은 별이 선명하게 보인다. 구경이 더 큰 쌍안경으로 같은 지점을 보면 보이지 않던 별을 더 많이 볼 수 있다. 이는 큰 렌즈가 더 많은 빛을 모아 망막으로 보내기 때문이다.

멀리 있는 물체를 확대

쌍안경 쌍안경(또는 망원경)은 대물렌즈의 직경이 클수록 더 많은 빛이 들어오기 때문에 밝은 상을 보여준다. 구경은 작은데 배율이 높은 쌍안경은 상이 흐리게 보인다.

해 보여주는 쌍안경은 용도에 따라 여러 가지 크기로 만든다. 경기장이나 극장 공연 때 사용하는 쌍안경은 크기도 작고 배율이 높지 않다. 구경이 크다면 장시간 손에 들고 보기가 어려울 것이다. 반면 경치나 천체를 관찰하는 쌍안경은 대물렌즈의 직경(구경)이 커 배율도 높아진다.

쌍안경에 7×35이라고 쓰여 있다면 쌍안경의 대물렌즈 직경이 35mm이고 7배로 확대된 상을 볼 수 있다는 뜻이다. 10×50이라고 쓰여 있다면 대물렌즈가 더 크고 확대 배율도 높다는 의미다.

관광지 전망대에 설치된 쌍안경은 크고 무거워 손으로 들고 보기 불편하므로 관측 방향을 상하좌우 조절할 수 있게 해주는 가대(架臺)에 얹어 사용한다. 배율이 큰 쌍안경은 손으로 들고 보면 흔들림이 심해 관찰이 어렵다. 쌍안경은 용도에 따라 적당한 크기를 골라야 한다.

쌍안경 관찰 쌍안경으로 새를 관찰하거나 별을 관측할 때 두 엄지를 광대뼈에 붙이면 잘 흔들리지 않는다.

사진기 플래시는 어떻게 순간적으로 밝은 빛을 낼까?

'섬광(閃光)'이란 번갯불처럼 한순간 번쩍이는 빛을 말한다. 실내에서 인공적으로 밝은 빛을 비춰 사진을 찍을 때는 '플래시(섬광등)'를 사용한다. 최초의 플래시는 1887년 독일에서 발명됐는데, 마그네슘, 염소산칼륨, 황화안티몬을 혼합한 가루를 작은 용기에 담고 전기로 점화해 백색의 밝은 섬광을 얻는 방식을 썼다. 이렇게 만든 섬광에서는 흰 연기가 피어났다.

1920년대에는 작은 전구(섬광전구)에 알루미늄과 마그네슘, 지르코늄으로 만든 가느다란 선을 서로 꼬아 만든 필라멘트를 전기로 점화해 섬광

을 만들어 냈다. 이 섬광전구
는 수백분의 1초 동안 밝은
흰색 빛을 내며, 20세기 말
까지 사용되었다.

오늘날의 전자식 플래시

오늘날 디지털 카메라
폰에 사용되는 전자식 플
래시는 미국의 전기기술자
인 에저턴(Harold Edgerton,
1903~1990)이 1931년에 발

과거의 플래시 섬광전구를 사용한 과거의 카메라.
섬광전구는 1회만 사용할 수 있었다.

명했다. 이 플래시의 램프에는 크세논(제논) 가스가 들어 있다. 제논 기체
는 고압 전류가 작용하는 짧은 시간 동안 강렬한 섬광을 낸다. 이때 섬광이
나오는 시간은 조절하기에 따라 수천분의 1초에서 100만분의 1초 정도로
짧다.

카메라플래시 오늘날의 전자식 카
메라 플래시다. 사진 촬영에 쓰는 섬
광은 태양 빛과 비슷한 빛을 내야 자
연스러운 색상의 사진을 연출할 수
있다. 크세논 플래시램프는 태양 빛
에 매우 가까운 파장의 빛을 낸다.

78

영화관의 영사기에서는 어떻게 고광도의 빛이 나올까?

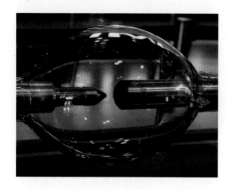

아크등   아크등은 탄소로 된 두 전극 사이에서 강렬한 빛이 난다.

영사기에 사용하는 전등과 탐조등(서치라이트)의 전구는 유난히 밝은 빛을 낸다. 여기에 쓰이는 전등은 아크등(arc lamp)이다. 아크등은 1800년대 초 영국의 화학자이자 발명가인 험프리 데이비(Humphry Davy, 1778-1829)가 발명한 뒤에 개량돼 왔다.

흑연(탄소) 막대로 된 두 전극을 가까이한 상태에서 전류를 흘리면 그틈에서 강렬한 빛이 나온다. 이는 탄소와 탄소 전극 사이에 흐르는 전자가 탄소 원자로 빛을 내게 한 것이다.

매우 밝은 빛을 내는 아크등 뒤편에는 금속으로 만든 오목거울이 있어 빛을 한 방향으로 집중시켜 빠져나가게 한다. 아크등에서는 빛과 함께 열도 나기 때문에 강한 송풍기나 냉각시스템으로 열을 식혀 준다.

아이맥스 영화관 영사기는 제논 아크등

아이맥스 영화관에서 사용하는 아크등은 크세논(xenon, 제논) 아크등이다. 제논 아크등은 내부에 불활성 기체인 크세논(제논)을 넣어 만들며 더 밝은 빛을 낸다. 아이맥스(IMAX)는 Image Maximum(최대 영상)의 머리글자

를 딴 말로, 캐나다의 아이맥스사가 개발한 180도 화면의 영화관을 말한다. 아이맥스에서 상영하는 영상을 보면 더 생생한 입체감을 느낄 수 있다.

아크 용접   아크등의 원리를 이용해 발생하는 뜨거운 열로 금속을 용접하는 것을 '아크 용접'이라 한다.

79

편광은 무엇이며, 편광안경은 왜 눈이 덜 부실까?

햇빛이 강하게 비치는 해변이나 사막, 눈 덮인 지역에서는 유난히 눈이 부시다. 햇빛이 강한 날 낚시할 때 수면을 바라보고 있으면 눈이 빨리 피곤해진다. 이럴 때 편광안경을 쓰면 눈부심이 훨씬 덜하다. 스키를 타거나 운전할 때 전방이 너무 눈부시면 눈이 피로해져 사고 위험도 높아진다.

눈이 부신 이유는 전방에서 눈으로 들어오는 빛 속에 사방에서 반사된 빛

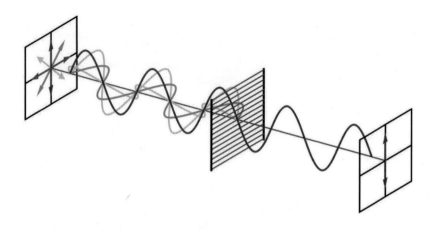

편광필터 원리 편광안경으로 구름을 보거나 편광 필터를 끼우고 사진을 찍으면 구름의 윤곽이 더 선명하게 나타난다.

이 들어있기 때문이다. 가령 태양이 밝게 비치는 수면을 바라볼 때 태양이 전면에 있다면 눈에 들어오는 빛이 태양에서 직접 오기도 하지만 사방에 있는 물체에서 어지럽게 반사된 빛도 포함돼 있다.

편광안경은 안경알의 유리가 이중으로 돼 있으며 중앙에 편광 필터가 끼워져 있어 주변에서 들어오는 잡광을 차단한다. 따라서 정면이나 일정한 방향에서 오는 빛(偏光)만 통과시킨다.

편광 필터의 원리는 햇빛이 들어오는 창문에 수평이나 수직으로 펼쳐진 블라인드를 친 것과 비슷하다. 블라인드를 치면 일정한 방향에서 오는 빛만 들어온다. 따라서 편광 필터와 렌즈를 만드는 데는 특별한 기술이 필요하다.

설경이나 구름 사진을 찍을 때 편광 필터를 렌즈 앞에 끼우면 훨씬 더 선명한 사진을 얻을 수 있다. 편광안경의 렌즈 두 개가 서로 직각을 이루게 한 다음 하늘을 보았을 때 전경이 어둡게 보이면 품질이 높은 것이다.

80

등대의 불빛은 어떻게 밝힐까?

바다에는 암초도 흩어져 있고 수심이 얕은 곳도 있다. 따라서 밤중에 물밑 사정을 모르고 항해하는 선박의 경우 등대처럼 중요한 뱃길 안내자도 없다. "희망이란 어두운 삶에 빛을 밝혀주는 등대와 같다."라는 격언도 있지 않은가.

항해 시 참고하는 해도(海圖)에는 등대가 표시돼 있다. 기상이 나쁠 때는 등대의 불빛이 위험 지역을 알려주고 안전한 항로를 안내한다. 큰 등대가 있는 곳은 관광 명소가 돼 많은 관광객이 찾아오기도 한다. 항구 입구의 좌우 방파제 끝에 세워진 작은 등대는 안전한 입항과 출항을 안내한다.

등대는 약 2,000년 전부터 해상무역이 활발했던 지중해를 비롯한 유럽의 바다 곳곳에 세워지기 시작했다. 역사상 처음 등장한 등대는 이집트의 고대 도시이던 알렉산드리아의 파로스 섬에 건설된 등대이다. 알렉산드리아는 지중해를 앞에 둔 이집트에서 카이로 다음으로 큰 도시다.

파로스 섬의 등대를 설계한 고대의 기술은 피라미드와 같은 세계 불가사의 중 하나다. 기원전 280년경에 건축된 이

등대 안전한 뱃길과 위험 지역을 알려주는 것이 등대의 첫 번째 역할이다. 훌륭한 건축술과 미적 감각을 살려 지은 등대는 관광 명소가 되기도 한다.

등대는 높이가 약 135m 이상이었다고 전해진다. 당시 기술로 이처럼 높은 탑을 어떻게 세울 수 있었는지는 수수께끼로 남아 있다. 이 등대는 12세기 이후부터 점점 허물어져 갔다.

암초 위나 지형상 필요한 곳에 벽돌 등으로 지은 근대적인 형태의 등대는 18세기 초부터 등장하기 시작했다. 초기 등대는 나무나 양초, 기

파로스 등대   기원전 280년경 이집트의 알렉산드리아에 세워진 파로스 섬 등대의 스케치다. 파로스 섬 등대는 956~1323년에 일어난 다수의 지진 때문에 크게 훼손됐고, 그 이후로 형체를 차츰 잃어버리게 되었다.

름 등으로 불을 밝혔다. 기술이 발전하면서 광도가 더 뛰어난 아세틸렌가스 불을 켜기도 했다. 그러다 밝은 빛을 한데 모아 멀리 보낼 수 있도록 오목거울(반사경)과 볼록렌즈를 사용하게 됐다.

전구가 발명되면서 백열등을 사용했고 1920년대부터는 필요에 따라 빙빙 돌아가는 회전등이 등장했다. 강한 조명이 필요한 등대에서는 아크등을 켰다. 하지만 오늘날에는 대체로 크세논 플래시를 이용한 번쩍이는 섬광등을 사용한다. 등대지기가 없고 전력을 공급하기 어려운 등대는 태양전지를 이용한 전력으로 섬광등을 밝히고 있다.

비행기가 지나가는 항로 근처 높이 솟은 고층 건물이나 탑 꼭대기에서도 섬광등이 경고등(警告燈)으로 쓰이고 있다. 비행기의 날개 끝과 동체에서는 안전을 위해 비행체의 존재를 알리는 섬광이 끊임없이 번쩍이고 있다.

등대박물관　우리나라 경상북도에 있는 장기갑 등대는 1903년부터 불을 밝히기 시작했다. 1985년 이곳에 세워진 등대박물관은 등대의 발전 과정을 보여주며 해양 개척 정신을 함양하는 교육장으로도 활용되고 있다.

81

마우스는 어떻게 포인터를 자유롭게 이동시킬까?

사람들은 손안에 쏙 들어오는 마우스를 별달리 신기해하지 않는다. 컴퓨터는 현대 물리학의 발전이 만들어 낸 대표적인 걸작이다. 컴퓨터가 하는 일은 마술과도 같다. 특히 마우스를 움직일 때 화면에서 커서(cursor, pointer라고도 한다)가 원하는 곳을 지시하는 것을 보면 신기할 따름이다.

여러 과학자와 발명가들 덕분에 마우스가 개발됐고, 지금도 마우스는 진화하고 있다. 최초의 마우스는 1963년 미국 스탠포드연구소의 더글러스 엥겔바트(Douglas Carl Englebart, 1925~2013)가 발명했다.

오늘날에는 흔히들 광마우스(optical mouse)를 쓰지만, 이전에는 마우

광마우스 구조 트랙볼 마우스(trackball mouse)는 1) 트랙볼, 2) 작은 바퀴, 3) 회전판, 4) 회전판 구멍, 5) 발광다이오드로 이루어져 있다. 트랙볼은 '길을 찾는 공'이라는 뜻이다.

스 바닥 중앙에 바퀴나 동그란 공이 있었다. 트랙볼 마우스의 경우 마우스를 패드 위에서 움직이면 공에 부착돼 상하좌우로 움직이는 작은 바퀴와 이 바퀴에 붙은 회전판이 따라 돈다. 회전판 가장자리에는 구멍이 뚫려 있어 이 구멍으로 발광다이오드에서 나온 빛이 들어가며 회전판의 센서가 이동 방향과 거리를 감지한다. 이 센서의 정보는 컴퓨터로 전달돼 화면 위의 포인터(커서)가 원하는 위치로 끌어다 준다.

광마우스는 트랙볼 대신 붉은 레이저가 나온다. 이 붉은 빛은 적외선 레이저 다이오드에서 나오는 빛이다. 다이오드의 레이저 광선이 패드 위를 이동하면 그 반사광이 컴퓨터의 센서에 전달돼 이동 방향과 거리를 계산하여 포인터를 이동시킨다.

붉은색이 아닌 청색이나 녹색 빛을 내는 광마우스도 있으며, 컴퓨터와 마우스를 연결하는 선이 없는 무선 마우스도 있다.

82

액정(액체결정)이란 어떤 물질일까?

디지털시계나 소형 계산기의 문자판에 나타나는 글씨는 '액정(液晶 liquid crystal)'이라 부르는 물질이 나타낸 결과다. TV 화면이나 컴퓨터 모니터를 확대경으로 보면 적색, 청색, 초록의 작은 막대 모양이 수없이 모여 있음을 알 수 있는데, 이것이 바로 액정이다. 과학자들이 이 물질을 연구하지 않았더라면 TV는 여전히 무겁고 두꺼웠을 것이다.

자연에서 볼 수 있는 다이아몬드, 수정, 흑연과 같은 물질은 일정한 각을 가진 모서리와 면이 규칙적으로 나타난다. 이를 '결정체'라고 하는데, 가령 소금 분자는 정육면체 결정체다. 고체로 된 원소는 대부분 분자구조가 규칙적으로 배열된 결정체다. 결정의 크기가 작은 원소는 현미경으로 결정의 모습을 확인할 수 있다.

에너지를 받으면 독특한 빛을 내는 액정 물질

결정을 영어로 crystal이라고 한다. 유리잔이나 접시를 보석처럼 각지게 만들어 굴절된 빛이 화려하게 보이도록 제조한 상품을 '크리스털'이라고 부르는데 이는 유리잔의 각진 모양이 결정체를 닮았기 때문이다.

유리 크리스털 제품을 만들 때는 빛이 크게 굴절하도록 24~35%의 산화납을 넣는다. 그래서 크리스털 유리잔에 포도주를 담으면 몸에 해로운 납 성분이 녹아 나올 것이라고 생각하기 쉬운데 그럴 위험은 없다.

오스트리아의 식물학자인 프리드리히 라이니처(Friedrich Reinitzer, 1858~1927)는 1888년에 유기물을 연구하던 중 액체 상태이면서 고체처럼 결정체 모양을 가진 물질을 발견했다. 이후 이 같은 성질을 가진 물질이 몇 가지 더 발견되자 액체 상태이면서 결정체의 성질을 가진 물질을 액체결정(liquid crystal, LC) 또는 줄여서 '액정'이라 부르게 되었다.

액정 성질을 가진 물질은 전기나 자기장, 열의 영향을 받아 분자가 규칙적으로 배열되면 독특한 색을 발한다. 물리학자와 화학자 들은 새로운 종류의 액정을 자연계에서 발견해 내거나 이를 합성해 활용 가능성을 더욱더 확대하고 있다.

83

복사기는 어떻게 영상을 종이에 복사할까?

휴대전화, 복사기, 디지털카메라, 전기밥솥, 전자레인지, 컬러텔레비전, 개인용 컴퓨터 등은 세상에 새롭게 등장한 이기(利器)들이다. 이러한 전자제품이 없던 시대를 살아온 사람들은 그 편리함에 경이로움을 느끼기도 한다.

가령 복사기가 없던 시대에는 먹지를 밑에 받치고 그 위에 글을 쓰거나 그림을 그리는 방식으로 한 번에 겨우 서너 장을 얻어냈다. 최초의 전자 복사기는 1959년 미국의 제록스(Xerox)사에서 개발됐다. 지금은 여러 회사가 복사기를 생산해 널리 보급돼 있다.

복사기는 단색과 원색 인쇄뿐 아니라 확대와 축소도 가능하며, 속도도 매우 빠르다. 복사기와 프린터는 원리가 비슷하다. 유리판 위에 복사할 원고를 펼치고 복사 스위치를 누르면 강한 광선이 원고를 비추고 원고에서 반사된 빛이 렌즈를 통해 회전하는 드럼에 비친다. 그러면 드럼에 정전기가 생기는데, 빛이 밝게 비친 부분은 정전기가 적게 생기고 어두운 부분에는 정전기가 많이 발생한다.

이 회전 드럼의 표면에는 광전도 물질이 덮여 있다. 광전도 물질은 빛을 받으면 전자가 생겨난다. 이때 토너(toner)에서 나온 색소 가루가 드럼 표면에 묻는데, 정전기가 많은 곳(글씨나 어두운 부분)에는 이 가루가 많이 붙고, 밝은 쪽에는 적게 붙는다.

색소 가루가 붙은 드럼은 흰 종이 위를 구르는데, 이때 붙어 있던 가루가 종이로 옮겨가고 드럼은 원래대로 깨끗한 상태가 된다. 복사지에 묻은 색소 가루는 그냥 두면 떨어지거나 다른 곳에 묻기 때문에 뜨거운 롤러가 종이 위로 구르며 색소 가루가 종이 표면에 고착되게 한다.

84

X선, CT, MRI는 어떻게 다를까?

가시광선은 마분지 한 장도 투과하지 못해 짙은 그림자를 만들어 낸다. 하지만 X선은 비교적 두꺼운 마분지를 투과할 수 있는 에너지를 가진 전자기파다. 이는 X선의 파장이 가시광선보다 수만~수천만분의 1 정도로 짧기 때문이다.

X선은 눈에 보이지 않아 1895년 독일의 과학자 뢴트겐이 발견하기까지 이처럼 강력한 빛이 있다는 사실을 아는 사람이 없었다. 과학자의 이름을 따 '뢴트겐선'이라고도 부르지만 일반적으로는 'X선'이라고 부른다.

X선은 태양에서도 방출된다. 인공적으로 X선을 만들 때는 진공관인 크룩스관을 이용한다. 크룩스관은 X선이 발견되기 전인 1879년 영국의 윌리엄 크룩스가 발명했다. 하지만 그는 크룩스관에서 형광이 나온다고 생각했을 뿐, X선이 발생한다는 것을 알지 못했다.

병원에서는 X선의 강력한 투과성을 이용해 뼈, 근육, 조직, 이빨 등의 사진을 찍어 병을 진단할 수 있었다. 건강검진 시 X선 사진에 가슴뼈와 내부 폐 조직이 어렴풋이 보이는 것은 X선이 몸을 투과해 필름을 감광시킨 결과다.

몸속에 박힌 탄환이나 집에서 아기가 잘못 삼킨 동전이 몸속 어디에 있는지 빠르고 정확하게 확인하려면 X선을 찍는다. X선이 없다면 뼈가 부러지거나 금이 간 위치와 모양도 알기 어려울 것이다.

X선은 매우 강력해 병원에서는 엑스선 중에서도 파장이 길고 에너지가 약한 X선을 사용한다. 한편 산업에서는 파장이 짧은 강력한 X선으로 기계 내부나 건물 벽 속을 뜯지 않고 투시해 검사하기도 한다.

병원에서 X선 진단을 하는 곳을 '방사선과'라고 부르는데, X선이 인체에 위험한 방사선이기 때문이다. 인체나 생물체에 강한 X선을 쪼이면 암을 일으키거나 조직에 이상이 생길 수 있으므로 반드시 안전한 범위의 X선을 짧은 시간 비워야 한다. 생물학자들은 씨앗이나 식물 조직에 X선을 쪼여 돌연변이를 만들어 내 종자를 개량하기도 한다.

CT는 컴퓨터를 이용한 엑스선 진단

X선 사진은 뼈나 조직 상태를 평면의 화상 필름으로만 볼 수 있고 입체적으로는 보지 못해 정밀 진단을 하기 어렵다는 단점이 있다. 하지만 컴퓨

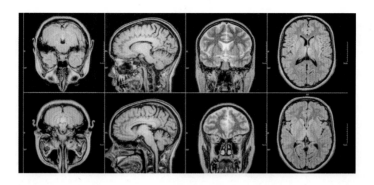

뇌영상 뇌를 촬영한 CT 사진. 컴퓨터 소프트웨어는 이 상을 처리해 입체적인 모습으로 나타낸다.

터 기술과 X선 촬영 기술이 발전해 CT 촬영(X-ray computed tomography, 컴퓨터를 이용한 엑스선 단층촬영)이 개발되면서 진단 부위 전체를 입체 영상 으로 볼 수 있게 됐다.

CT 촬영, 즉 컴퓨터 단층촬영은 1972년 미국 텁스대학의 물리학자 앨 런 코맥(Allan Macleod Cormack, 1924~1998)이 개발했다. 코맥은 연속적으 로 촬영한 여러 장의 X선 사진을 디지털 기술로 처리해 검사할 부분을 입 체 영상으로 재현했다. 가령 머리를 CT 촬영하면 두개골을 비롯해 암이나 기타 이상이 생긴 부위와 그 형태를 실제로 해부한 듯 입체적으로 정밀하 게 알 수 있다. 그는 이 연구로 1979년에 노벨의학상을 수상했다.

MRI는 자력을 이용한 단층촬영 진단장치

CT 촬영보다 한 단계 더 발전된 촬영법이 MRI(magnetic resonance imaging, 자기공명영상) 촬영이다. MRI를 촬영할 때 환자는 터널처럼 생긴 공간에 눕는다. 이 터널 주변은 전자석이 둘러싸고 있어 강한 자력선이 작

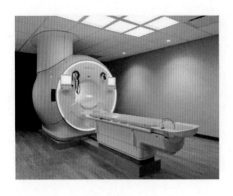
MRI 병원에 설치된 MRI 진단장치

용한다. 인체를 구성한 물 분자 중 수소 원자는 자력선을 받으면 전자기파를 발생한다.

MRI 장치는 이 전자기파의 신호 차이를 세 방향에서 컴퓨터로 분석해 인체 내부 조직을 입체적으로 나타낸다. 뇌과학자들은 이 장치를 이용

해 신경세포의 움직임과 뇌 활동을 연구하며 알츠하이머병(치매)이나 정신질환, 뇌 내 혈액순환 이상 등도 진단할 수 있게 됐다.

85
전자레인지에서는 왜 불꽃이 튀고 큰 소리가 날까?

알루미늄 포일로 싼 음식을 전자레인지에 넣고 스위치를 누르면 몇 초도 지나지 않아 지지직거리는 소리가 나면서 흰 불꽃이 튄다. 곧바로 정지시키지 않으면 내부에 생겨난 고열의 플라스마(plasma) 때문에 내벽이 녹아내리고 마이크로파 발생 장치인 매그너트론(magnetron)도 고장 날 것이다. 2019년 전자레인지 플라스마 발생 실험이 인터넷으로 세상에 알려진 후 비슷한 실험을 하다가 전자레인지가 고장 난 사례가 폭주했다고 한다.

물, 기름, 설탕과 같은 당분이 주파수 2.45GHz의 전자기파를 받으면 에너지를 흡수한 분자들이 크게 진동하게 되고 이 진동이 열에너지로 바

꿰어 단시간에 뜨거워진다. 하지만 같은 주파수의 전자기파라도 플라스틱이나 쇠붙이, 나무, 유리 등은 이 같은 작용이 일어나지 않는다. 그릇이 뜨겁다면 음식의 열이 유리 용기에 전도된 것이다. 레인지 내부는 금속으로 돼 있으며 벽면은 전자기파를 거울처럼 반사한다. 따라서 음식을 금속 냄비에 담아 전자레인지를 작동시키면 냄비가 전자기파를 반사해 음식이 잘 뜨거워지지 않는다.

하지만 얇고 조그마한 금속 조각, 특히 알루미늄 포일을 오븐에 넣으면 결과가 달라진다. 레인지 속의 전자기파는 포일에 전자기장을 형성해 내부에 전류를 흐르게 해 순식간에 뜨거워져 불꽃을 일으킨다. 알루미늄 포일이 구겨져 있으면 뾰족한 부분이나 가장자리를 통해 전류가 흘러 나가고, 그 자리가 고온이 돼 알루미늄이 녹아 플라스마가 되면서 섬광이 발생한다. 섬광의 뜨거운 열이 함께 넣은 종이에 전달되면 화재가 발생할 수 있다.

전자레인지에서 통닭을 데울 때 알루미늄 포일로 싸서 넣으면 포일의 가장자리가 내부 벽으로부터 3cm 이상 떨어져야 한다. 하지만 위험이 따르기 때문에 알루미늄 포일을 레인지에 넣는 일은 아예 없어야 한다.

플라스마란?

플라스마는 흔히 이온화된 기체라고 말한다. 기체의 원자나 분자에 높은 에너지를 공급하면 원자(분자)로부터 전자가 떨어져 나와 플라스마 상태가 된다. 플라스마는 고체, 액체, 기체라는 물질의 세 가지 상태 외에 제4의 형태로 취급한다. 플라스마가 생성되는 경우는 다음과 같다.

1. 번개는 고압의 정전기에 의해 고온이 된 공기 분자들이 플라스마 상태가 되어

빛을 내는 것이다.

2. 극지방 하늘에 나타나는 극광은 대기 상층부의 기체 분자들이 우주에서 오는 강력한 방사선에 의해 플라스마가 된 것이다.

3. 네온사인과 형광등은 내부의 수은 증기 또는 네온 분자가 플라스마가 되어 자외선을 방출하게 되고, 그 자외선이 형광물질을 자극해 빛이 나게 한다.

4. 태양에서 방사되는 태양풍은 수소 이온과 자유전자의 플라스마이다.

5. 전기용접 때 생겨나는 섬광은 고열에 녹은 금속 플라스마에서 방사되는 것이다.

6. 대기층 상부에 있는 이온층도 플라스마이다. 이온층은 방송국 또는 통신장치에서 나오는 전자기파를 반사해 멀리까지 전파되게 해준다.

전자레인지 속의 플라스마 불꽃은 나무나 석탄이 발생시키는 일반 불꽃과 달라 연소하는 데 산소가 필요 없고 연기도 발생하지 않는다. 플라스마는 고열 상태에 있으므로 전자레인지 내부를 녹이거나 전자기파를 발생시키는 매그너트론을 고장 낸다.

86
광케이블이란 어떤 통신선일까?

일반 유선전화는 소리(음파)를 전기 신호로 바꿔 구리선을 따라 송수신한다. TV는 영상(화상)을 전자기파 신호로 바꿔 공중으로 송신하고 이를 안테나로 수신해 재생하는 장치다.

휴대전화의 소리 신호는 전류 신호로 바뀐 다음 다시 전자기파 신호로 바뀌고 안테나를 통해 공중으로 날아간다. 이 전자기파 신호는 중계탑 안테나에 포착돼 멀리 전해지고 이 전자기파를 상대 전화기가 받으면 전기 신호로 바뀌어 소리로 재생된다.

광통신에서는 소리와 영상 및 데이터 정보를 전기 신호로 바꾼 다음 이것을 통신파 대신 빛(레이저)의 신호로 바꾸어 광케이블을 통해 송신한다. 그리고 수신하는 곳에서는 수신한 빛의 신호를 전기 신호로 바꾸고 이를 다시 소리와 화상신호로 바꾸어 보고 듣는다.

1980년대 후반부터 우리나라는 전역에 도로를 따라 광케이블을 대대적으로 파묻었다. 광케이블은 머리카락처럼 가느다란 광학섬유(optical fiber, 광섬유)를 여러 가닥 모아 한 선(케이블)으로 만든 통신선이다. 광케이블은 고속도로는 물론 모든 도로와 골목길 지하에도 깔려 있으며 집의 광케이블 단자와 연결돼 있다.

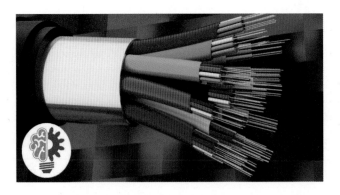

광통신선 새로운 통신선에 '광光'이라는 단어가 들어가는 이유는 유리로 만든 가느다란 통신선 속으로 빛의 신호(정보)가 흐르기 때문이다. 정보를 담아 운반하는 빛이 레이저 광선이다.

87

광케이블에 쓰는 광학유리섬유(광섬유)는 무엇일까?

광섬유 장식품 광섬유 속을 지나온 빛이 끝에서 나와 빛을 발한다. 광섬유는 통신선뿐만 아니라 위내시경과 같이 인체 내부를 조사하고 촬영하는 진단 장비에도 쓰인다.

머리카락처럼 가느다란 수천 가닥의 유리를 수양버들처럼 사방으로 드리워 그 끝에서 빛이 나는 장식품을 전시장 등에서 본 적이 있을 것이다. 이는 광섬유를 이용한 장식품이다.

빛은 직진하는 성질을 가졌지만 구불구불 휘어지기도 한다. 광섬유를 이용하면 빛을 곡선으로 가게 할 수 있다. 광섬유는 머리카락보다 더 가느다란 긴 유리봉(fiber glass, 유리섬유)이다. 유리섬유는 매우 가늘어 힘을 가하면 휘어진다. 이 속으로 빛(레이저광)을 보내면 유리섬유가 휘어져 있어도 유리 내부 벽면에서 계속 반사되면서 앞으로 나아간다. 따라서 광섬유를 이용하면 빛을 지구 반대편까지 보낼 수 있다.

순수한 유리 성분으로 만든 통신용 광섬유를 '광학섬유(optical fiber)'라한다. 광학섬유는 '코어(core)'라고 부르는 매우 가느다란 유리섬유가 중간에 있고, 그 주변을 클래드(clad)라는 유리가 감싸고 있다. 이 광학섬유 속으로 정보를 지닌 레이저 광선을 보내는 것이 광케이블이다.

광섬유는 주변의 빛이 들어가지 않도록 피막이 감싸고 있다. 광섬유 속을 지나는 레이저에는 엄청나게 많은 디지털 정보를 담을 수 있다. 오늘날 광섬유 통신 기술이 발달하지 못했다면 전화를 전선으로 연결하느라 하늘과 땅 밑이 온통 구리 전화선으로 가득했을 것이다. 광통신기술의 발달은 인류의 생활을 편리하게 변화시켰다.

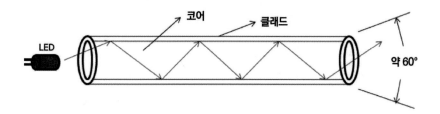

광섬유 구조　광학섬유의 빛을 전달하는 코어는 직경이 9마이크론이고 굴절률이 큰 유리로 만들어진다. 코어를 둘러싼 클래드는 외부 직경이 125마이크론이며 굴절률이 조금 낮은 유리다. 코어로 들어간 빛은 계속 전반사되면서 나아간다. 이 광섬유를 여러 가닥 모아 손가락 굵기의 광케이블을 만든다.

88
야간투시경(야간경)의 원리는 무엇일까?

밝은 곳에 있다가 실내조명이 꺼진 영화관에 들어가면 처음에는 아무것도 보이지 않는다. 이때 눈의 안구 밑바닥에 있는 망막의 간상세포에서는 빛을 민감하게 느끼는 단백질인 '로돕신(rhodopsin)'이 활성화되기 시작한다.

밝은 곳을 볼 때는 로돕신이 무색이다. 하지만 어둠 속으로 들어가면 로돕신에 화학변화가 일어나 적자색이 된다. 로돕신이 이처럼 활성화되는 데는 비타민A가 관여한다. 비타민A가 부족하면 야맹증이 되는 이유도 그래서다. 로돕신이 활성화되면 눈은 차츰 어둠 속에서도 잘 볼 수 있게 된다.

전투에 나선 특수부대 병사들이 사용하는 쌍안경 모양의 망원 조준경처럼 생긴 야간투시경은 전자적 방법으로 어둠 속에서도 잘 볼 수 있게 해주는 장비다. 야간투시경 렌즈로 들어간 희미한 빛은 '광전음극'이라 부르는 광전지에 부딪힌다. 광전지에는 빛이 강하면 다수의 전자가, 약하면 소수의 전자가 생겨나 광전음극에는 마치 사진 필름에 영상이 생기듯 전자의 수가 많고 적은 상(전자 영상)이 형성된다.

태양 빛으로 발전을 하는 태양전지판에는 태양 빛(광자)를 받으면 광자의 에너지에 의해 전자가 나와 전류로 변하는 광전지 소자(sollar cell)로 덮여 있다. 빛을 받아 전류가 되는 현상을 '광기전효과(光起電効果)'라 한다. 광전지를 만들 수 있는 반도체는 여러 가지가 알려져 있다.

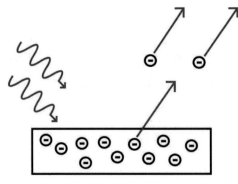

광전효과 금속판이나 특정 물질(반도체)에 태양 빛이 비치면 광자의 충격으로 전자가 방출되는 현상이 나타난다. 이를 '광전효과photoelectric effect'라 한다. 광전효과는 아인슈타인이 빛이 입자임을 증명한 현상이다.

야간투시경의 부속 전자장치는 광전음극에 생긴 소수의 전자를 수천 배 증폭시켜 형광물질이 덮여 있는 화면에 충돌해 형광을 발하게 한다. 이렇게 생겨난 상은 실제보다 선명하다.

투시경의 형광판에 나타나는 영상은 녹색으로 보이게 한다. 빛이 조금도 없는 동굴 같은 어둠 속이라면 야간투시경도 무용지물이다. 하지만 별빛이 있거나 인체의 열(적외선)이 비치기만 해도 야간투시경은 기능을 발휘한다.

89
전자현미경과 원자현미경은 어떻게 다를까?

현미경은 동식물의 세포나 미생물, 암석의 가루 따위를 렌즈로 확대해 보여주는 광학 장치다. 광학현미경은 최대 1,000배가량 확대할 수 있고, 그 이상 배율을 높이면 상이 희미해져 오히려 보기가 어려워진다. 유리 슬라이드에 놓인 물체를 비치거나 투과한 빛을 대물렌즈로 1차 확대하고 이를 접안렌즈가 다시 2차 확대시키는 원리를 이용한 것이다.

전자의 흐름을 이용한 전자현미경

전자현미경은 수십만 배로 확대시키는 현미경이다. 1933년에 최초로 발명됐고 1935년부터 실용화됐다. 빛이 아닌 고속의 전자를 관찰 대상(표본)에 비치거나 투과시켜 보기 때문에 붙은 이름이다.

전자현미경은 꼭대기에 전자총이라는 장치가 있고 내부는 진공 상태다. 전자총에서는 수십만 볼트로 가속화된 전자가 빛처럼 고속으로 튀어나온다. 이 전자는 전자 렌즈라 부르는 장치 속을 지나가면서 마치 볼록렌즈에 의해 빛이 굴절되듯 집속(集束)돼 표본을 투과한다. 표본을 투과한 전자가 형광판(또는 사진 건판, 광전지판)을 두드리면 표본의 모습대로 영상이 나타난다.

전자현미경의 전자총에서 나온 전자는 가시광선인 초록빛의 파장(0.05 옹스트롬)보다 수십만 배 짧다. 파장이 짧으면 짧을수록 확대된 상을 보기가 더 편리해진다. 지금은 분자와 원자의 구조까지 볼 수 있도록 수백만 배까지 확대가 가능한 원자현미경이 개발돼 첨단 연구에 이용되고 있다.

90
텔레비전은 어떻게 발전했을까?

100년 전만 해도 대부분의 인류는 전등불조차 없는 세상에서 살았다. 흑백 텔레비전이 처음 나왔을 때 신기한 물건으로 취급될 만큼 전기가 귀한 세상이었다. 텔레비전과 휴대전화를 일상적으로 접하게 되는 세상에 사는 사람들은 이 같은 전자장치들을 더 이상 신기하게 생각하지 않는다.

그레이엄 벨(Alexander Graham Bell, 1847~1922)이 1876년에 전화기를 발명하자 과학자들은 "전화기로 소리를 멀리 보낼 수 있게 됐으니 이제 영상도 원거리로 전송하는 기술을 개발해야 한다."라고 생각하게 되었다.

현재의 고화질 텔레비전(HDTV)은 21세기에 개발된 것이다. 그 이전에는 화면도 작고 상도 흑백이었다. 오늘날 가정에서는 당시와 비교할 수 없이 큰 화면 앞에서 원색에 가까운 선명한 영상을 볼 수 있다. 올림픽이나 월드컵 같은 국제 경기 때는 대형 건물에 설치된 전광 텔레비전 앞에서 수많은 관중이 응원을 펼친다. 이러한 발전은 영상을 디지털 신호로 바꾸는 기술의 발달, 액정과 LED를 이용하는 기술이 더해진 결과다.

91

텔레비전과 카메라에서 사용되는 픽셀(화소)은 무엇일까?

텔레비전은 영상을 촬영하는 카메라, 영상을 저장하는 기록 테이프나 메모리, 영상을 전파 신호로 송신하는 장치, 그리고 영상 신호를 받아보는 수상기로 나뉜다. 1920년대에는 두 가지 기술이 등장했다. 하나는 영상이 나타나는 수상관(모니터)의 발명, 다른 하나는 영상을 수많은 점으로 나누어 전송하고 수신하는 전자 스캐닝 기술의 개발이다. 이 발명은 텔레비전 카메라와 수상기의 개발로 이어졌다.

텔레비전 화면을 확대경으로 들여다보면 색을 가진 수만 개의 점이 보일 것이다. 종이에 인쇄된 그림이나 사진(흑백 또는 원색)을 확대경으로 봐도 수많은 색의 점이 보인다. 하지만

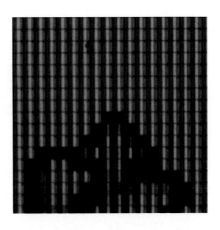

pixel 텔레비전 화면은 텔레비전 종류에 따라 픽셀 모양이 작은 막대 또는 점상點狀이다.

아날로그 방식의 구식 카메라로 찍어 현상한 사진의 필름이나 인화지에는 점이 나타나지 않는다.

반면에 디지털 방식으로 영상을 형성하는 텔레비전이나 컴퓨터, 또는 카메라의 스크린은 화상을 구성하는 점의 개수를 나타낼 때 '픽셀(pixel)'이라는 단위로 나타낸다. 픽셀은 화면을 구성하는 가장 작은 점을 뜻하며, 화소(畫素)라고도 한다.

단색 화면을 이루는 화소를 확대하면 밝은 부분의 화소는 점이 작고 어두운 부분은 큰 점이다. 원색 화면은 붉은색, 녹색(인쇄물은 노란색), 청색의 세 가지 점으로 이루어져 있다. 사진이나 인쇄물의 화면은 픽셀 수가 많을수록 선명하며 이 경우 분해능이 좋다고 한다.

화소 수는 사방 1인치 안에 몇 개의 점이 있는지를 나타낸다. 디지털카메라의 화소 수는 수백만이다. 디지털카메라 화면이 가로 1,000개, 세로 1,000개의 점으로 이루어져 있다면 전체 화소가 1,000,000이고, 이를 1메가픽셀(MPix)이라 한다. 휴대전화 화면도 수백만 개의 픽셀로 이루어져 있다.

92

스마트폰 카메라는 어떻게 작은 렌즈로 영상을 촬영할까?

아날로그 카메라만 썼다면 디지털카메라와 스마트폰 카메라의 촬영 원리가 궁금할 것이다. 스마트폰의 얇은 몸체에 붙은 작은 렌즈는 어떻게 빛의 양과 거리를 자동 조절하며 초점이 맞는 선명한 사진을 찍을 수 있을까?

두께가 7mm에 불과한 스마트폰 속에 확대축소(zoom) 기능과 영상(정지

영상과 동영상) 촬영 기능까지 갖춰져 있다. 영상을 디지털 신호로 저장하고 플래시 기능을 장착하려면 첨단의 광학 및 전기 기술이 필요하다. 스마트폰 카메라는 다음과 같은 세 가지 구조로 이루어져 있다.

1. 피사체(촬영 대상)로부터 오는 광자를 받아들이는 렌즈
2. 렌즈를 통과해 들어온 광자를 전자신호로 바꾸는 이미지 센서
3. 전자신호를 명암과 색의 영상 신호로 바꾸는 컴퓨터 소프트웨어

다기능 미니 렌즈 : 스마트폰 카메라 렌즈에는 작은 구멍이 있다. 이를 '구멍조리개(aperture)'라고 하는데, 셔터를 누르면 피사체로부터 반사되어 오는 빛이 이 구멍조리개를 지나 렌즈를 거쳐 이미지 센서로 전달된다. 스마트폰 카메라의 렌즈는 매우 작지만 색수차 등의 현상이 최소화되도록 다수의 렌즈를 붙여 복잡하게 만든다.

초점 맞추기 : 카메라 렌즈를 거친 빛은 적외선을 이용하는 전자적인 방법으로 초점을 맞추어 이미지 센서에 비친다.

스마트 렌즈 여섯 개의 렌즈로 구성된 스마트폰 렌즈는 '레진'이라 부르는 플라스틱으로 만든다. 유리로는 작은 크기로 가공하고 대량 생산하기가 어렵다. 렌즈를 통해 들어온 빛은 수억 개의 화소가 있는 이미지 센서에 비친다.

이미지 센서 : 이미지 센서는 폭이 약 4.7mm인 얇은 실리콘 웨이퍼다. 센서에 도달한 광자는 색과 밝기에 따라 다양한 전자신호로 바뀌는데, 이 때 컬러 필터가 색을 구별한다.

스마트 카메라에는 촬영 시 흔들림을 방지하거나 잘못 찍어도 선명하게 상이 보이게 해주는 소프트웨어인 ESI가 내장돼 있다.

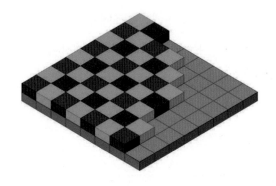

컬러 필터   이미지 센서의 픽셀 위에 색을 구별하는 컬러 필터가 놓여 있다.

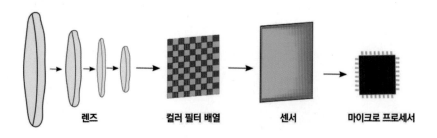

렌즈   컬러 필터 배열   센서   마이크로 프로세서

스마트 원리   위에서 말한 과정을 그림으로 나타낸 것이다.

93

색의 3원색과 빛의 3원색은 무엇이 다를까?

빛(태양과 불빛)의 3원색과 색의 3원색(수채화나 유화의 물감, 인쇄용 잉크)은 다르다.

빛의 3원색(trichromat of light) – 빨강(red), 초록(green), 파랑(blue)

색의 3원색(trichromat of color) – 자홍(magenta), 노랑(yellow), 청록(cyan)

빛의 색은 태양, 전등, 촛불 같은 광원에서 나오는 색이며, 물감이나 물체의 색은 그 물체가 반사하는 빛의 색이다. 우리말의 색명은 영어에 비해 빈약한 편이다. 영어에는 수백 가지 색을 가리키는 이름이 있다. 반면에 우리말은 추상적이거나 시적인 표현이 많다.

프리즘이나 무지개의 색은 편의상 일곱 가지로 나뉜다. 하지만 빛은 파장에 따라 색이 다르고, 인간의 눈은 수백만 가지 색을 구분한다. 그 많은 색에 이름을 붙일 순 없는 노릇이다. 색의 구분은 회화 미술뿐 아니라 인쇄, 사진, 조명, 건축, 의상 등 여러 분야에서 중요하다.

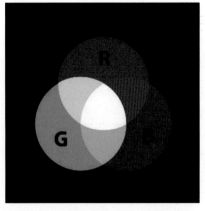

빛의 삼원색 빛의 3원색이 만드는 색의 변화를 나타낸다. 반대쪽에 있는 색은 '보색'이라 부르고, 보색 또는 모든 색의 빛을 혼합하면 흰색이 된다.

국제적인 색의 통일을 위해 267가지 색에 대해서는 고유 이름을 붙였으며, 각 색의 기준이 되는 표준색도 정해져 있다.

인간의 눈은 온갖 색을 볼 수 있지만, 그 차이를 엄밀히 구별해 말하기는 어렵다. 과학자들은 색의 차이(빛의 파장 차이)를 정밀하게 구별해야 할 때 분광광도계를 사용해 빛의 파장을 측정하고 비교한다.

색의 3원색은 반사된 빛

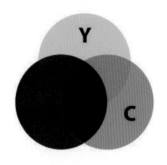

색의 혼합 물체의 색은 발광체로부터 받은 빛을 반사한 색이다.

나뭇잎이 녹색인 것은 다른 색의 빛은 흡수하고 녹색만 반사하거나 투과하기 때문이다. 마찬가지로 물체가 특정한 색을 가지는 이유는 다른 빛은 흡수하고 특정한 색만 반사하기 때문이다.

빛은 태양이나 전구 같은 발광체에서 직접 오지만 물체나 색소가 가진 빛은 반사돼 오는 빛이다. 물감에는 색소 물질이 들었다. 이 색소도 각기 특유의 색을 반사하고 있다.

색의 3원색은 노랑(yellow), 청록(cyan), 자홍(magenta)으로, 빛의 색처럼 1차색, 2차색, 보색이 있으며 색의 3원색을 모두 혼합하면 검은색이 된다.

인쇄물의 잉크색은 4색

책이나 잡지의 원색 사진을 확대경으로 보면 작은 색의 점으로 이루어진 것을 알 수 있다. 인쇄할 때는 여러 가지 색의 잉크를 쓰지 않고 3원색

(마젠타, 옐로, 시안) 잉크와 검은색 네 가지만 사용한다. 이런 원색 인쇄법을 4색 인쇄라 한다.

3원색의 빛을 적절히 배합하면 수백만 가지 색을 만들 수 있다. 가령 3개의 손전등 앞에 3원색 필터를 각각 붙이고 3가지 빛을 서로 혼합하면 온갖 색이 만들어진다. 이 3원색을 혼합하면 흰색이 된다.

물감의 3원색도 적절히 섞으면 갖가지 색을 만들 수 있다. 하지만 세 가지를 혼합하면 빛과 반대로 검은색이 된다. 가령 팽이 위에 3원색을 칠해 돌리면 검은색이 아닌 흰색으로 보인다. 팽이 위에 칠한 세 가지 색의 물감이 혼합된 색이 아니라 반사돼 오는 3가지 물감의 색이 빛의 색으로 눈에 들어오기 때문이다.

94

1차색, 2차색, 보색은 어떻게 구별할까?

빛의 삼원색은 빨강(red), 초록(green), 청색(blue)의 머리글자만 따서 RGB라고 한다. 이 3가지 색의 빛을 1차색(primary color)이라고 하며, 1차색들을 모두 혼합하면 흰색이 된다.

반대되는 빛의 색은 보색(補色, complementary color) 또는 반대색이라 한다. 빛의 경우 청색(B)의 보색은 노랑(Y), 빨강(R)의 보색은 청록(C), 녹색(G)의 보색은 자홍(M)이다. 보색끼리 혼합하면 3원색 빛을 혼합한 것처럼 흰색이 된다.

색은 다르다. 1차색은 빨강(R), 파랑(B), 노랑(Y)이고, 빨강과 파랑을 혼합해 만들어 낸 보라(P)는 2차색이다. 또한 빨강-녹색, 노랑-보라, 청색-주황이 보색 관계다.

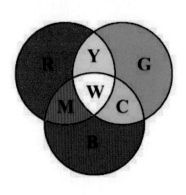

2차색 빨강과 녹색 빛을 혼합하면 노랑Yellow 빛이 되고 녹색과 파랑을 섞으면 청록Cyan, 빨강과 청색을 혼합하면 자홍Magenta 빛이 된다. 이런 식으로 두 가지 원색을 혼합하여 생기는 색을 2차색secondary color이라 한다.

보색관계 보색은 서로가 잘 구분되는 반대색이다.

95

물체는 왜 각기 다른 색을 가지고 있을까?

물체의 색이 다른 이유를 연구하던 뉴턴은 흰 종이나 눈(雪)처럼 하얀 물체는 태양(광원)으로부터 받은 빛을 모두 반사하기 때문이고, 붉은색 물체는 다른 색은 모두 흡수하고 붉은색만 반사했기 때문이며 검은색 물체는 모든 빛을 흡수해 반사하는 빛이 없기 때문이라는 결론을 내렸다.

투명한 공기나 물, 유리 등은 빛을 반사하지도 흡수하지도 않고 통과시키는 성질을 가졌다. 이처럼 물체에 따라 빛을 흡수, 반사, 투과하는 성질이 다른 이유는 그 물질을 구성하는 분자의 종류와 구조가 다르기 때문이다. 물체 중에는 같은 성분의 분자일지라도 분자의 배열 구조에 따라 빛을 흡수하거나 반사하는 성질이 달라지기도 한다.

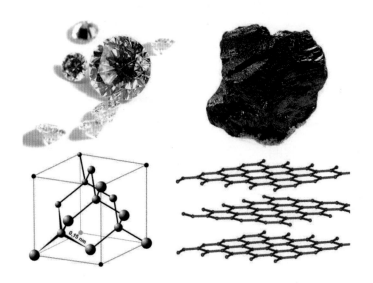

다이아몬드와 흑연 다이아몬드는 흑연과 동일한 탄소로 이루어진 물질이지만 투명하다. 흑연(또는 숯)과 다이아몬드는 탄소 분자로 이루어진 물질이지만 분자구조가 치밀해 빛을 모두 투과시켜 투명하게 보이는 반면, 흑연은 모두 흡수해 검은색을 지닌다.

색상, 명도, 채도는 무엇일까?

같은 청색이라도 색감에 차이가 있으면 색상(色相, chroma)이 다르다고 말한다. 가령 수채화 물감을 물에 연하게 탈 때와 짙게 탈 때 색의 밝기가 다르다. 물감은 짙게 탈수록 색은 어두워지는데, 이런 색의 밝기 차이를 '명도(明度 lightness)'라 한다.

한편 같은 파란색이라도 선명한 파랑과 흐릿한 파랑이 있다. 가령 같은 농도의 파란색 물감에 회색을 많이 더할수록 파랑의 선명도가 떨어진다. 이 같은 빛의 선명한 정도를 '채도(彩度 saturation)' 또는 '색도'라 한다. 수채화를 그리다가 색상이 마음에 들지 않아 덧칠하면 색이 점점 어두워지고 선명도도 떨어진다.

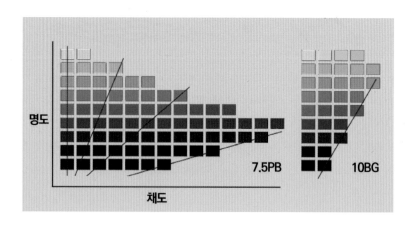

색상 변화 같은 색이지만 붉은 선을 따라 위로 갈수록 색상이 밝고 아래로 내려올수록 어두워지며 선명도(채도)도 떨어진다.

모든 색은 색상, 명도, 채도를 가진다. 영상 관련 분야에서 일하는 경우 이 세 가지에 대한 감각이 뛰어나야 한다.

97
회색(gray color)은 왜 색깔이 아닐까?

구름 낀 하늘의 색과 금속인 납은 회색이다. 솜뭉치처럼 흰 구름도 아래쪽은 회색이다. 회색을 '쥐색' 또는 '재색'이라고도 한다. 회색도 알고 보면 색상이 다양하다.

진한 검은색 물감에 물을 타서 점점 연한 회색을 만들면 회색이 왜 많은지 곧 알게 된다. 회색은 흰색이 어두운 것이라고 말할 수 있다. 흰색 종이를 벽에 붙여두고 멀리서 바라보면 거리가 멀수록 흰 종이가 점점 회색으로 보인다.

회색은 색상을 가진 것이 아니라 검은색이 옅은 것, 또는 어두운 흰색이다. 즉, 회색은 색이 아니라 인간의 감각이 느끼는 감정(感情)의 색이라 할 수 있다. 또한 검은색은 모든 색 중에서도 가장 어두운 색이다. 회색과 검은색은 색소가 따로 없어 회색 꽃과 검은색 꽃은 있을 수 없다. 그늘에 놓인 흰 꽃도 그늘이 짙을수록 진한 회색으로 보인다.

불꽃놀이의 불꽃은 왜 모양과 색이 다양할까?

밤하늘 높이 솟아올라 펑펑 터지며 불꽃을 쏟아놓는 불꽃놀이는 색과 모양이 다양하다. 어떤 불꽃은 곧 사라지고 어떤 불꽃은 지상까지 내려오며 빛나기도 한다. 불꽃놀이는 중국에서 약 1,000년 전에 시작됐다. 10세기경 흑색 화약을 발명한 중국인은 이를 폭약으로 만들어 군사용으로 사용했다.

흑색 화약은 질산칼륨('초석'이라 부름)에 황과 숯가루를 혼합해 만든다. 이 화약에 불을 붙이면 큰 소리를 내며 폭발하는데, 이때 흰 연기가 많이 피어오른다. 폭죽(爆竹)은 흑색 화약을 조그마한 규모로 개량해 만든 것으로, 승리와 평화를 축하하는 불꽃놀이 행사에 사용했다. 대나무나 종이를 말아 만든 대롱 속에 폭약을 넣고 불을 붙여 발사했다고 해서 붙은 이름이다. 이 폭죽놀이는 오늘날까지 이어지고 있다.

폭죽은 원시적인 로켓이다. 흑색 화약이 맹렬하게 연소할 때 생기는 가스 힘에 대한 반작용으로 쉿, 하는 소리를 내며 공중으로 날아오르는데, 이때 불빛과 연기가 난다.

19세기에 들어와 화약 재료에 알루미늄이나 마그네슘 가루를 혼합하면 불꽃이 매우 화려한 빛을 낸다는 것을 알게 되었고, 이때부터 폭죽은 공중 높이 떠올라 크게 폭발하며 색색의 불꽃을 쏟아내는 용도로 개발됐다.

컴퓨터의 무선 신호에 따라 터지는 불꽃탄

오늘날 불꽃놀이에 쓰이는 불꽃탄은 두 가지 요소로 이루어져 있다. 공중에서 터지는 불꽃탄과 그것을 높이 쏘아 올리는 로켓이다. 불꽃탄을 발사하는 로켓의 연료도 여러 가지가 개발돼 아름다운 불꽃을 뒤로 남기며 하늘로 솟는다.

불꽃탄의 기본 재료는 질산칼륨, 안티모니염, 황, 숯가루, 쇳가루로, 여기에 리튬이나 스트론튬을 혼합하면 붉은색을, 질산바륨은 초록색, 구리 성분은 청색, 나트륨은 노랑색, 티타늄은 흰색을 나타낸다.

불꽃탄은 전자 스위치로 특수한 총을 조작해 발사된다. 오늘날 불꽃놀이 발사장에서는 컴퓨터 점화 시설을 사용한다. 불꽃탄에는 전자 점화장치가 실려 있으며 컴퓨터가 보내는 무선 신호에 따라 수백분의 1초 간격으로 폭발한다.

불꽃놀이 축제에서는 불꽃탄 외에 제자리에서 불꽃을 뿜으며 빙글빙글 도는 회전 불꽃도 볼 수 있다. 불꽃이 터질 때마다 사람들은 함성을 지른다. 사람의 눈은 불꽃이 꺼진 뒤에도 잠시 불빛이 남아 있는 것처럼 느끼기(잔상 현상) 때문에 꼬리를 끄는 불꽃이 더욱 환상적으로 보인다.

99
촛불과 장작불의 불꽃은 왜 대부분 주황색일까?

장작이 불타는 모습을 보면 불꽃의 색이 여러 가지라는 것을 알 수 있다. 노란 불꽃이 있는가 하면 주황색, 붉은색, 흰색, 푸른색 불꽃도 보인다. 불꽃의 색이 다른 이유는 불의 온도와 타는 물질의 종류가 다르기 때문이다.

니크롬선 코일(니크롬 열선)이 동심원으로 감겨 있는 전기난로가 뜨거워지는 과정을 관찰해보자. 스위치를 누르기 전의 코일은 검은색이다. 스위치를 누르면 처음에는 검붉은 색이었다가 차츰 붉은색으로 변하고 더 뜨거워지면 밝은 주황색으로 바뀐다. 코일 온도가 더 높아지면 주황색은 노란색으로 변하고 흰색이 되었다가 드디어 푸른색으로 바뀌게 된다.

전기난로의 코일 색은 물질의 연소로 생기는 불꽃의 색이 아니라 코일의 온도에 따라 다르게 보이는 것이다. 온도가 제일 높을 때 나오는 빛은 푸른색이다.

양초의 불꽃을 자세히 보면 심지 아래쪽은 푸른색이고, 심지 바로 위쪽 중심부는 어두운 색이며, 그 윗부분은 노란색 또는 흰색으로 보인다. 양초의 불꽃이 푸른색인 곳은 산소 공급이 잘 돼 양초의 증기가 고온으로 타고 있는 부분이고, 심지 가까운 중심부는 산소가 부족해 온도가 낮으며, 그 위쪽은 비교적 산소가 잘 공급돼 밝은색을 내는 것이다.

장작불의 타는 온도는 양초가 타는 온도보다 낮다. 따라서 장작불은 전체적으로 주황색이다. 하지만 장작의 부위에 따라 불꽃의 색이 다르게 나타나는 이유는 그 부분에서 타는 물질의 종류가 다르기 때문이다.

장작 속에는 나트륨, 칼슘, 인 등의 무기물이 포함되어 있다. 나트륨이 탈 때는 노란빛이 나고, 칼슘이 탈 때는 진한 붉은색을 띠며, 인이 불타면 초록빛으로 보인다. 장작이 발하는 여러 색이 다 모이면 흰색으로 보인다.

바다는 왜 파란색이나 초록색으로 보일까?

대다수는 왜 바다가 파란색이냐고 묻는다. 바다는 하늘이 잔뜩 흐릴 때 회색으로 보이고 노을이 끼면 붉은빛으로 변하기도 한다. 투명한 유리잔에 담긴 물은 무색이지만 대형 유리그릇에 담긴 많은 물은 약간 푸른빛으로 보인다.

해안에서 먼 바다로 나가면 푸른빛은 더 진해지고 육지 가까운 해안 바다는 초록색 또는 연두색으로 보인다. 산호초가 발달된 열대 바다는 초록빛이 두드러져 매우 아름다워 보인다. 이러한 색의 차이는 수심이나 플랑크톤의 종류에 따라 달라지기도 한다.

육지 가까운 바다에는 육상에서 흘러들어온 유기물이 많이 포함되어 있으며 이 유기물에는 엽록소를 가진 단세포 녹색식물이 대량 서식하고 있다. 단세포 녹색식물은 '식물성 플랑크톤'이라고도 한다. 이 플랑크톤은 육상 식물과 마찬가지로 엽록소를 가지고 있어 다른 색은 흡수하고 녹색을 반사한다.

유기물이 많은 바닷물에 '홍조(紅藻)'라는 붉은색 하등식물이 번성하면 바다가 붉은색으로 보이고 '적조'가 생겼다고 표현하는데, 적조(赤潮)란 붉은색으로 보이는 바닷물을 말한다.

옷, 가죽, 종이, 유리를 물들이는 색소는 어떤 물질일까?

색소(色素)는 원시시대부터 중요했다. 선인들은 천연 광물의 색소를 이용해 동굴에 벽화를 그리기도 하고 돌에 그림을 새기기도 했다.

붉은 양배추 잎, 딸기와 수박, 붉은 장미꽃잎에는 빨간 색소가 함유돼 있고, 치자 열매는 노란색 색소를, 가지는 진한 보라색 색소를 가졌으며, 잎에는 엽록소를 만드는 녹색 색소가 들어 있다.

옛사람들은 음식이나 천, 동물 가죽 등의 자연에서 추출해 낸 색소로 염색했다. 하지만 식물에서 얻을 수 있는 색소는 종류가 많지 않고 대량으로 얻기가 쉽지 않아 우리 선조들은 염색되지 않은 흰 무명옷을 입었다.

합성 염료 시대의 시작

화학을 좋아했던 영국의 윌리엄 퍼킨(William Henry Perkin, 1838~1907)은 17세 때부터 집에 실험실을 차려 화학반응을 관찰했다. 1856년 '아닐린(aniline)'과 중크롬산칼륨을 혼합하면 자주색 물질이 생긴다는 사실을 발견했다. 그는 인공 염료로 특허를 얻은 뒤 '아닐린 퍼플'이라는 이름으로 시장에 내놓았다.

아닐린 퍼플은 최초의 인공 합성 염료였다. 그는 가족의 도움으로 이 색소를 직접 생산하는 회사를 설립해 23세에 국제적으로 유명한 염료산업계의 왕자가 되었으며, 훗날 바나나 향기가 나는 물질도 합성했다.

퍼킨이 처음으로 합성 색소를 만든 이후 많은 화학자가 수천 가지 인공 색소를 개발했다. 오늘날 옷감을 비롯하여 가죽, 플라스틱 제품, 페인트,

식품, 음료수, 그림물감, 잉크, 머리카락 염색약, 색종이, 토너 잉크, 유리 세공, 립스틱 등에 쓰는 색소는 거의 인공 염료다.

좋은 색소는 고운 색으로 염색이 잘 되면서도 쉽게 탈색되거나 씻겨나 가지 않아야 하고 인체에 해가 없어야 한다. 색소를 연구하는 색소화학자 들의 공헌으로 오늘날과 같은 다채로운 색의 세계가 탄생했다. 합성 색소 는 지금도 끊임없이 개발되고 있다. 또한 화학공업에서 색소 제조산업이 차지하는 비중도 대단히 크다.

4장

생명체의 색채와
시각의 신비

102

최고의 색채 예술가는 누구일까?

어떤 예술가도 야생화의 아름다운 색을 흉내 낼 수 없다. 공작새의 다채로운 깃털 색, 딱정벌레나 나비의 아름다운 색, 전복 껍데기의 영롱한 빛

깔, 무지개송어나 열대 바닷물고기의 비늘에 비친 화려한 색채는 모두 인간이 만들어 내거나 그려 낼 수 없는 신비한 색상이다.

특히 모르포나비의 파란 빛은 매우 아름답다. 하지만 날개에는 파란 색소가 전혀 없다. 날개를 덮은 얇고 투명한 비늘이 교묘하게 겹친 상태로 빛을

꽃과 나비 꽃, 나비, 곤충, 새, 물고기 등은 다양한 색을 자랑한다. 인간이 그려 낸 어떤 색채보다 아름다운 색을 만들어 내는 능력을 자연의 동식물은 수억 년 전부터 지니고 있었다.

반사해 그토록 고운 파란빛을 발하는 것이다.

　동식물은 필요에 따라 자유롭게 색을 변화시키는 능력이 있다. 바라보는 방향에 따라 다양하게 변하기도 한다. 동식물이 보여주는 아름답고 화려한 색상을 인공적으로 구현해 낼 수 있다면 지금보다 훨씬 아름다운 보석, 장식품, 직물, 건축물, 예술품을 만들 수 있을 것이다.

　생물체의 고유한 색은 색소 물질로부터 나오기도 하지만, 영롱한 빛깔은 깃털이나 비늘 표면의 특별한 분자구조 때문에 나타나기도 한다. 비눗방울 위에 무지갯빛이 아롱거리는 것처럼 표면의 분자구조에 따라 빛이 굴절되거나 산란하여 서로 간섭한 결과 신비로운 색으로 나타나는 것이다.

　나노과학은 물질의 구조를 분자나 원자 크기에서 연구하는 첨단과학 분야다. 오늘날 나노과학 분야의 과학자들은 원자현미경 등의 장비를 이용해 물고기와 나비의 날개를 덮은 비늘의 분자구조를 연구하고 있다.

103
유리고기의 몸은 왜 투명하게 보일까?

　밝은 곳에서 콤팩트디스크(CD, DVD 등)를 보면 아름다운 무지개색이 비친다. 빛의 대표적인 성질에는 반사와 굴절 외에 회절 현상도 있다. 입자이면서 파(波)의 성질을 가진 빛이 지극히 좁은 구멍이나 틈새를 통과하면 출구에서 직진하지 않고 휘어지는 성질(회절)이 나타난다. 이때 회절 정도는 파장에 따라 달라지는데, 굴절될 때처럼 파장이 짧을수록 크게 회절한다.

　수족관에서 키우는 관상어 중에 몸 전체가 유리처럼 투명하게 보이는

유리 메기　　유리 메기는 비늘이 없는 메기과 어류로, 여러 마리가 무리지어 다닌다. 장구벌레나 기타 작은 수중 동물을 잡아먹으며 어두운 곳과 피신처가 있는 곳을 좋아한다. 내장 기관은 머리 쪽에 몰려 있으며 투명한 몸통 가운데 척추뼈만 드러나 보인다. 죽으면 우윳빛 흰색으로 변한다.

어류가 있다. '유리메기(glass catfish, ryptopterus vitreolus)'라고도 불리는 이 작은 물고기는 길이가 5~6cm 정도이고, 타일랜드와 말레이시아 등지의 흙탕물에서 야생한다. 이 물고기의 몸에 밝은 백색광이 뒷면에 비치면 몸 전체가 무지개색으로 보인다. 그 이유가 빛의 회절 때문이라는 사실이 최근 밝혀졌다.

　유리 메기가 투명한 이유는 비늘이 없고 색소가 없기 때문이다. 척추동물은 근육 조직을 움직여 활동한다. 근육 조직은 '근육섬유(근섬유)'라 불리는 실처럼 긴 단백질이 모여 다발을 이루고 있다. 이 단백질은 액틴(actin)과 미이오신(myosin)이라 불리는 두 개의 단백질로 구성돼 있으며 근육을 움직일 때 신축하는 성질이 있다.

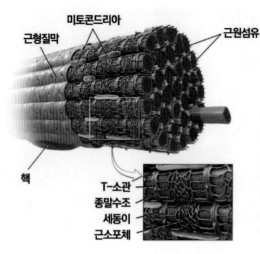

근섬유 무지개메기의 근육을 전자 현미경으로 본 모습이다. 무지개메기의 근섬유도 액틴과 마이오신의 가느다란 섬유들로 이루어져 있다. 이 섬유 가닥 사이로 빛이 지나오면 회절 현상이 일어나 무지개 광채를 발한다.(1µm는 1,000분의 1mm)

미토콘드리아
근형질막
근원섬유
핵
T-소관
종말수조
세동이
근소포체

104
야광 물고기들은 어떻게 빛을 낼까?

어부들이 금방 잡아 올린 오징어의 몸이나 특정 버섯, 심해에 사는 많은 종류의 물고기 피부에서도 개똥벌레와 같은 발광 현상이 일어난다. 세상에는 빛을 내는 생물이 여럿 있다. 그중 대표적인 개똥벌레는 영양물질을 화학적으로 산화시켜 열이 없는 차가운 빛을 낸다. 이런 빛을 보통 '냉광(冷光)'이라고 한다.

육지에는 발광하는 생물 종이 극히 드물지만, 바다에는 상당히 많은 물고기 종이 발광한다. 과학자들의 추측에 따르면 약 1,000종의 물고기가 발광한다고 한다. 그런데 이는 스스로 발광하는 것이 아니라 물고기의 몸에 붙어사는 발광 박테리아 때문이다. 오징어 몸에도 발광 박테리아가 붙어 있어 오묘한 빛을 내는 것이다.

바닷속 깊이 들어갈수록 더 어두워질 뿐만 아니라 더 조용해지고 수온도 더 내려가 서식하는 생물 종도 줄어든다. 수심 600m를 넘으면 햇빛이 전혀 도달하지 못하므로 빛이 있어야 자라는 바다식물은 전혀 찾아볼 수 없다.

전 세계 바다의 평균 수심은 약 4,300m이다. 바다의 85% 이상이 빛이 전혀 닿지 않는 어둠의 세계다. 바다의 표면은 평균 20℃이지만 1,000m 깊이에서는 수온이 5~6℃ 정도로 낮다. 따라서 깊은 바다는 어둡고 춥고 파도도 없다. 또한 수압이 너무 강해 생물이 살기 어려운 지옥과 같은 세계로 여겨진다.

수억 년 전 고대 바다에는 햇빛이 잘 드는 아주 얕은 곳에서만 동식물이 살았다. 긴 세월이 흐르며 얕은 바다에서 수십만 종의 동물이 탄생해 경

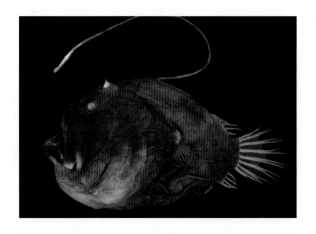

아귀 '드래곤 피시dragon fish'라는 이름의 아귀류 심해어는 머리에 긴 수염이 나 있다. 이 수염은 특이하게도 끝부분이 불을 켠 듯 환하게 밝다. 깜깜한 심해의 어둠 속에서 수염 끝에 불을 밝히면 작은 심해어들이 먹이인 줄 알고 접근한다. 그 순간 커다란 입을 벌려 먹이를 얼른 삼킨다. 드래곤 피시의 입이 벌어지는 각도는 최대 120°다.

쟁하며 살게 되자 그중 특정 어류는 생존경쟁을 견디지 못해 더 깊은 곳으로 내려가 살았다.

심해로 삶터를 옮긴 물고기들에게는 적이 없었다. 하지만 그곳에서 살아가려면 추위와 어둠과 높은 수압을 견딜 수 있어야 했다. 적도 없었지만 식량도 없었다. 이 물고기들은 수면 가까이 살던 동물이 죽어서 가라앉는 사체를 주로 먹었다. 이 심해어들은 환경에 적응하며 세상에서 가장 진기하고 흥미로운 모습을 갖게 됐을 뿐 아니라 생존방식도 바뀌게 된 것이다.

심해 잠수정을 타고 깊은 바다로 내려가면 여름밤에 날아다니는 개똥벌레보다 더 신비스러운 빛을 내며 헤엄치는 심해어들을 목격할 수 있다. 어둠 속에서 쉽게 동료를 찾고, 산란기에 멀리서도 짝을 찾아내기 위해 진화한 결과다.

물고기들이 빛을 내는 방법은 두 가지다. 첫째는 빛을 내는 박테리아(야광충)가 피부에 붙어사는 것이다. 즉, 피부에 기생하는 야광 박테리아의 빛 때문에 발광하는 것처럼 보인다.

두 번째는 개똥벌레처럼 스스로 빛을 내는 것이다. 심해에 사는 샛비늘치나 헤드라이트물고기(headlight fish)는 눈 옆에 매우 밝은 빛을 내는 발광기관이 있어 빛을 깜박이기도 하고 밝기를 조절하기도 한다. 또한 몸길이가 6~7cm인 심해어 '앵통이(silvery lightfish)'는 옆구리에 도끼날 모양의 발광기관이 발달했다.

심해어는 형태부터 괴기하다. 우선 입이 터무니없이 크다. 먹이가 아주 귀한 곳에 살다 보니 먹이만 있으면 커다란 입으로 얼른 삼켜 배를 채우기 위해서다.

105

수심이 얕은 곳에는 발광 물고기가 없을까?

아라비아와 아프리카 대륙 사이에 있는 홍해에는 플래시라이트 피시 (flashlight fish, 학명 photoblepharon steinitzi)라는 작은 발광 물고기가 산다. 길이가 7~8cm인 이 물고기는 다른 발광어와 달리 유일하게 얕은 바다에 산다. 이 물고기가 헤엄치는 모습은 마치 도깨비불이 해저 속을 움직이는 것처럼 보인다.

이 물고기가 빛을 내는 곳은 양 눈 바로 밑에 있는 발광 부분으로, 이 주머니에 수억 마리의 발광 박테리아가 산다. 이 물고기와 발광 박테리아 가 공생 관계를 맺고 있는 것이다.

얕은 물에 사는 일반 물고기는 발광기관이 발달하지 않았는데 왜 플래 시라이트 피시는 발광하는 것일까? 깜깜한 밤에 빛을 깜박이고 있으면 이 불빛을 보고 작은 새우나 벌레들이 모여들어 편하게 잡아먹을 수 있기 때 문이다.

해저는 큰 고기가 작은 고기를 잡아먹는 약육강식의 생존경쟁이 벌어

플래시라이트 피시 발광생물이 내는 빛 중에서도 발광 면적이 가장 넓고 밝아 한 마리의 빛으로 시계를 읽을 수 있다. 대체 로 1분 동안 3회 불빛을 깜박이는데, 위 험을 느끼면 약 75회 점멸하면서 지그재 그로 도망간다.

지는 세계다. 이런 곳에서 작은 물고기가 홀로 빛을 내고 있다면 다른 큰 고기에게 쉽게 발견돼 잡아먹히지 않을까? 플래시라이트 피시는 이 위기를 교묘하게 피한다. 위험을 느끼면 곧바로 불을 끄고 멀리 도망간 뒤에야 다시 켠다. 헤엄칠 때도 늘 지그재그로 움직인다. 어느 방향으로 가는지 알 수 없으니 다른 큰 물고기들이 추격에 번번이 실패한다.

이 발광어를 잡기가 쉽지 않아 물고기를 연구하는 과학자들도 애를 먹는다. 접근하면 불을 끄고 멀리 도망가 버리니 잠수복을 입은 채 깜깜한 물속에서 가만히 기다렸다가 떼를 지어 몰려오면 전류를 물속에 흘려 기절시킨다.

인간은 불을 이용할 줄 아는 동물이다. 인간이 밝은 불을 얻으려면 불을 피우거나 전기로 불을 밝혀야 한다. 개똥벌레나 야광 박테리아 등은 쉽게 빛을 낸다. 과학자들은 발광 박테리아를 비롯한 다른 발광생물들이 빛을 발하는 방법을 얼마간 밝혀내긴 했지만, 아직 많은 영역이 미지로 남아 있다. 과학자들이 그 실체를 자세히 밝혀낸다면 손쉽게 빛을 발하는 방법을 개발할 수 있다. 열을 내지 않아 에너지 손실이 적고 화재 위험도 없기 때문이다.

106
개똥벌레 빛의 일곱 가지 신비는 무엇일까?

개똥벌레나 발광 박테리아처럼 생명체가 발하는 빛을 '생물발광'이라 한다.

1. 개똥벌레의 다른 이름

개똥벌레는 다른 이름도 다수 갖고 있다. 흔히 '반딧불'이라고 부르지만 전문 서적에서는 '반딧불이'라고도 한다. '반딧불'에 사람이나 사물을 뜻하는 명사를 만들 때 쓰는 접미사 '-이'가 붙은 말이다. 영어로는 fire(불)와 fly(날다)를 합친 firefly 또는 glow(빛내다)와 worm(벌레)을 합친 glowworm이라고 부른다.

개똥벌레를 이르는 한자어는 螢(형)이다. 이 글자가 쓰인 '형설지공(螢雪之功)'이라는 사자성어는 반딧불과 눈에 반사된 달빛으로 글을 읽으며 꾸준히 공부하는 고생 끝에 얻은 보람을 뜻한다.

2. 개똥벌레는 암수 모두 빛을 낼까?

개똥벌레는 밤에 잘 보여 야행성으로 알고 있지만 일부 종은 낮에도 활동하는 주행성(晝行性)이다. 살충제가 보급되면서 개똥벌레의 개체 수도 줄어들어 지금은 깊은 산골에서만 찾아볼 수 있다. 특정 지역에서는 개똥벌레를 인공 사육해 관광객을 유치하기도 한다.

개똥벌레는 전 세계적으로 2,000여 종이 있으며, 우리나라에는 7종이 서식하고 있다. 암수가 모두 빛을 내는 종, 수컷만 빛을 내는 종, 암컷은 밝은 빛을 내지만 수컷은 약한 빛을 내는 종, 성충이 된 후에야 발광하는 종, 유충만 빛을 내는 종, 성충 유충 모두 발광하는 종 등 다양하다. 빛을 발하는 방식에 따라서도 계속 발광하는 종, 일정 간격을 두고 간헐적으로 발광하는 종으로 나뉘기도 한다. 따라서 빛이 지속되는 시간만 알면 종류를 짐작할 수 있다.

파이어플라이 지금은 시골에서도 개똥벌레를 보기 어렵다. 농약이나 공해 등으로 개똥벌레가 사라진다면 과학자들도 생물이 냉광을 내는 원인을 밝히기 어려워질 것이다.

3. 개똥벌레는 왜 습지에서 많이 목격될까?

개똥벌레가 주로 서식하는 곳은 늪, 개천, 호수처럼 물이 많은 습지다. 애벌레일 때 주로 먹이가 되는 다슬기 같은 수생동물과 기타 먹이가 물속에 풍부하기 때문이다.

4. 개똥벌레는 독이 있을까?

다수의 개똥벌레는 새나 동물에게 잡아먹힐 때 해를 입히는 유독성 물질을 지니고 있다. 이는 루시부파긴(Lucibufagin)이라는 스테로이드 계통의 물질로, 독두꺼비에서도 발견된다.

5. 개똥벌레의 불빛은 짝을 찾는 신호일까?

다수의 개똥벌레는 암수 모두 복부의 2~3마디에서 빛을 내는데, 이는 짝을 찾는 신호로 연한 노란색, 연초록, 연한 붉은색을 발한다. 개똥벌레는 같은 간격으로 빛을 발하는 상대를 찾는데, 어둠 속에서 쉽게 짝을 찾을 수 있기 때문이다.

6. 개똥벌레의 빛은 왜 열이 안 날까?

개똥벌레가 내는 빛의 스펙트럼을 조사하면 열에너지를 가진 적외선 파장의 빛이나 자외선 파장이 없고 열이 없는 파장(400~600나노미터)의 빛만 발한다.

7. 개똥벌레는 어떻게 냉광(冷光)을 만들까?

개똥벌레가 발하는 빛은 열이 없어 '냉광'이라 한다. 발광기관 세포 내 루시페린(Luciferin)이라는 화학물질을 분비되고 이 물질에 루시페레이스(Luciferase)라는 효소가 작용해 산소와 결합하면서 냉광이 발하게 된다. 어떤 발광동물은 루시페린과 다른 특수 단백질(광단백질)이 산소와 결합해 냉광을 낸다.

8. 개똥벌레의 불빛은 모두 같은 색일까?

개똥벌레는 루시페린을 산화시켜 빛을 내지만 종류에 따라 색에 차이가 있다. 어떤 종은 황록색 빛(파장 552nm)을, 어떤 종은 오렌지색(파장 582nm)을 발한다. 같은 물질에서 발생하는 빛인데도 색이 다른 이유는 촉매(루시페레이스)가 작용할 때 산성도(pH)가 다르기 때문인 것으로 알려져 있다.

9. 개똥벌레는 어떻게 발광 간격을 조절할까?

개똥벌레가 어떻게 일정한 시간 차를 두고 점멸하는지를 알려주는 생리적 작용에 대해서는 아직 규명되지 않았다.

107

빛을 내는 식물은 없을까?

MIT의 유명한 화학공학자 마이클 스트라노(Michael Strano, 1976~) 교수는 2017년 한 논문을 통해 17세기의 영국 시인 밀턴의 장편 서사시 〈실낙원〉의 한 페이지를 '빛나는 나무'로 비추고 있는 사진을 공개했다.

실낙원 반딧불처럼 스스로 빛을 내는 유전자를 주입한 물냉이 나무가 책을 비추고 있다.

물냉이 물냉이watercress는 미나리와 같은 수생식물로 생장이 빠르고 약간 매운맛을 내는 채소다.

전 세계의 모든 마을과 도로에서 밤길을 밝혀주는 가로등이 소비하는 전력은 엄청날 것이다. 가로등이 없어도 어두워지면 가로수 잎이 발광해 조명 역할을 한다면 전기를 절약할 수 있고 이산화탄소 발생량도 감소할 것이다.

가로수는 잎에서 증발이 일어나면서 주변의 열을 흡수한다. 이 잎은 광합성을 통해 이산화탄소도 감소시킨다. 스트라노 교수는 이에 착안해 2017년에 놀라운 실험 결과를 내놨다. 아루굴라(arugula, 학명 Eruca vesicaria)라는 배추과 식물에 나노(1μm는 1,000,000분의 1mm) 크기의 화학 물질을 주입했는데, 이 물질에는 개똥벌레가 형광을 발하게 하는 루시페린이 포함돼 있었다. 이 식물은 루시페린의 작용으로 스스로 빛을 내게 된 것이다.

2021년 이들은 허브 식물인 바질과 국화과 꽃식물인 데이지, 채소류인 물냉이에 나노입자 크기의 루시페린을 주입해 어둠 속에서 약 4시간 동안 빛을 발하게 하는 데 성공했다. 이 실험에서는 2017년 때보다 10배나 더 밝은 빛을 낼 수 있었다.

2019년 미국 아이다호주 케첨 시에 라이트바이오(Light Bio)가 설립됐다. MIT와 제휴한 이 기업은 유전공학으로 빛을 내는 식물을 생산해 보급하고 있다. 이곳의 유명 화학공학자인 키스 우드(Keith Wood)는 식물의 염

라이트바이오 빛을 발하게 하는 유전자가 편집된 식물이 야광 빛을 내고 있다.

색체에 루시페린을 생성하는 유전자를 주입해 빛을 내는 식물을 만들어 내고 있다.

우드 박사는 말한다. "자연계에는 스스로 빛을 내는 식물이 없다. 하지만 이 식물은 자기 에너지로 생명의 빛을 비추고 있다."

현재 미 농무성은 이 발광 페튜니아를 2024년부터 판매할 수 있도록 허가했다. 페튜니아는 가정이나 도시의 밤거리를 아름답게 밝혀 신비로운 분위기를 연출할 것이다.

108
적외선 탐지 능력을 가진 뱀이 있을까?

아마존 밀림에서는 밤이면 뱀들이 먹이를 찾아 사냥을 나선다. 어둠 속에서도 정확히 사냥감을 찾아낼 수 있는 이유는 인간의 눈이 보지 못하는 적외선을 이용하기 때문이다.

동물의 체온은 주변 환경의 온도보다 높거나 낮다. 뱀은 이 온도(적외선) 차를 구별해 먹이가 있는 장소를 알아낸다. 적외선 탐지기로 사냥하러 다니는 뱀 앞에서는 아무리 훌륭한 변장술을 써도 소용이 없다.

세계에는 약 2,400종의 뱀이 서식 중이며, 그중에도 '보아과'와 '방울뱀과' 뱀에게 적외선 탐지 능력이 있다. 보아과는 남아메리카에 사는 보아(boa) 뱀을 비롯한 애너콘다와 열대 아시아에 사는 비단구렁이가 있고, 방울뱀류에는 방울뱀을 비롯한 부시마스터, 아메리카살모사 등이 있다.

사람의 눈은 파장 0.4㎜인 보랏빛에서부터 파장 0.75㎜인 적색 빛까지 볼 수 있지만, 이 뱀들은 파장이 5㎜인 긴 빛까지 감지한다. 밤중에 사막에서 먹이를 찾는 방울뱀의 적외선 감지장치는 사냥감의 체온이 주변 환경과 0.1℃ 차이만 있어도 구별해 낸다.

뱀의 적외선 탐지기관은 눈과 코 사이에 열려 있는 구멍이다. 이 구멍은 막이 가로막고 있고, 막 안에 공간이 있다. 뱀이 빛을 느끼는 방법은 인체와 다르다. 인간의 눈은 빛에 화학반응을 일으키고 이를 통해 신경이 판단한다. 뱀의 구멍에는 골지체가 있어 이것이 온도를 감지해 낸다.

골지체는 열에너지(적외선)를 흡수하면 내부 공기가 팽창하면서 전기신호로 바꾼다. 과학자들에 따르면 방울뱀의 골지체는 0.003℃의 온도 차를 0.002~0.003초 안에 감지한다.

적외선을 직접 보지 못하는 인간은 적외선에 반응하는 형광물질을 이용한 야간투시경을 사용한다. 하지만 감도는 뱀에 크게 뒤떨어진다. 이처럼 일부 생명체는 과학자들이 아직 밝혀내지 못한 적외선의 물리법칙을 내재하고 있을지 모른다. 인간이 자연과 생명체의 신비를 연구해야 할 이유다.

109
동물의 눈은 왜 인간보다 민감할까?

동물의 세계에는 밤에만 먹이활동을 하는 야행성이 많다. 호랑이, 박쥐, 올빼미, 나방이, 바퀴벌레, 모기, 빈대, 고양이 등은 잘 알려진 야행성 동물이다.

잠자리 복안 잠자리는 물체가 10cm만 가까워져
도 어느새 도망간다.

인간의 감각 중 특히 중요한 것이 시각이다. 그런 만큼 광학기구, 시각을 연구하는 의학, 야간 투시경 같은 시각 보조 장치 기술들도 발달하고 있다. 하지만 야행성 동물처럼 어둡고 먼 거리에서도 잘 볼 수 있게 해주는 장치는 아직 개발되지 않았다.

눈을 감고 몇 발짝만 걸어 보면 시각이 얼마나 중요한지 실감할 수 있다. 동물은 재빠르게 사방을 눈으로 살펴 위험을 피한다. 양쪽 눈은 한 물체에 초점을 맞춰 선명한 윤곽으로 입체감을 느끼게 해준다. 인간은 한순간에 먼 수평선까지 시선을 옮길 수 있다.

동물의 눈에 관찰하면 흥미로운 사실을 알게 된다. 인간의 눈은 낮에 잘 보지만 밤에는 그렇지 못하다. 반면 야행성 동물들은 야간에도 잘 보는 특별한 눈을 가졌다. 일부 곤충과 개구리는 움직이는 것만 잘 찾아내는 눈을 가졌다. 수생동물은 물안경이 없어도 물속에서 불편 없이 볼 수 있다.

식물에는 눈이 없지만 하등동물은 눈이 있다. 단세포생물인 아메바는 눈이라고 부를 만한 것은 없지만 빛을 느낄 수 있다. 눈이 없는 지렁이도 피부에 빛을 감지하는 세포가 덮여 있어 밝은 빛을 받으면 땅속으로 들어가려 한다.

가리비는 바다 밑에서 살아가는 조개류로, 로켓처럼 물을 뿜어 이동한다. 가리비의 껍데기 가장자리 바로 안쪽을 보면 작은 보석 같은 눈이 두 줄로 여러 개 있다. 시력은 좋지 않지만 조개류 중에서는 가리비의 눈이 가장 발달한 편이다.

곤충의 눈이라면 파리나 잠자리의 눈이 가장 먼저 떠오른다. 이들의 눈은 수천 개의 작은 낱눈(단안)이 다발로 합쳐진 겹눈(복안)이다. 머리의 상당 부분을 차지하는 곤충의 커다란 눈은 그만큼 중요한 기관이다. 먼 곳에 있는 것은 잘 보지 못하지만 가까이 있는 물체, 특히 움직이는 물체에는 매우 민감하다.

인간은 뒤나 옆을 볼 때 고개를 돌려야 한다. 하지만 머리 꼭대기 전부를 차지하는 잠자리의 눈은 앞뒤 사방을 다 볼 수 있다. 따라서 적을 빨리 발견할 수 있고 움직이는 먹이도 잘 포착한다.

물고기와 뱀의 눈은 눈꺼풀이 없는 대신 튼튼한 유리 같은 막으로 덮여 있다. 눈을 감을 필요가 없어 흙먼지가 많은 물속 생활이나 지하 생활에 적

게의 복안 해변의 작은 게들은 여러 개의 작은 눈이 모인 두 개의 겹눈을 세우고 다닌다. 그러다가 물체가 접근하면 눈을 감추고 구멍 속으로 도망간다. 게의 눈도 곤충과 비슷한 겹눈, 즉 복안을 갖고 있다. 눈이 긴 막대 끝에 달려있어 사방을 동시에 본다. 사람처럼 선명한 상은 보지 못하나 움직이는 물체에는 민감하다.

합하다.

올빼미는 밤눈이 밝고 큰 눈을 가졌으며 좌우로 곁눈질할 수 없다. 따라서 뒤를 볼 때는 고개를 180° 이상 돌린다. 매와 독수리는 동물 중에서도 가장 좋은 시력을 가졌다. 300m 떨어져 있는 작은 참새를 포착할 수 있을 정도다.

올빼미의 눈은 캄캄한 밤중에 매의 눈에 버금가는 실력을 발휘한다. 특공대 병사나 밤바다를 항해하는 선원은 야간경을 이용한다. 야간경은 어두운 빛을 전자적으로 수만 배 증폭시켜 밤중에도 적진이나 멀리 있는 물체를 확인할 수 있다.

인간의 눈이 다른 동물과 구별되는 점은 미추(美醜)를 구분해 온갖 훌륭한 예술품을 만들어 낸다는 것이다. 인간은 눈으로 아름다움을 판단하고 그림과 조각품, 정교하면서 우아한 장식품과 의상(衣裳), 각종 영상 예술을 창조해 눈으로 즐거움과 행복을 느끼게 한다.

그런 점에서 인간이 곤충이나 다른 동물의 눈을 모방할 이유는 딱히 없지만 로봇공학을 통해 야행성 동물의 눈을 닮은 시각 장치를 장착한 무기나 탐사 도구를 개발할 필요성은 있다.

110
광화학반응은 무엇일까?

광합성(탄소동화작용)은 일상적인 용어로 흔히 쓰일 만큼 생명의 세계에서 중요한 현상이다. 광합성 연구로 노벨상을 받은 과학자가 여러 명에 이르지만 아직 탐구해야 할 문제가 많다. 특히 과학자들이 광합성과 연관된 수수께끼를 밝혀낸다면 인류의 식량이 될 영양물질을 인공적으로 생산할 수 있게 될 것이다.

빛은 광자이고, 광자는 에너지를 갖고 있다. 식물뿐 아니라 모든 생명체의 생존을 좌우하는 원천은 식물의 잎이 광자의 에너지를 받아 일으키는 광화학반응, 즉 광합성이다.

광화학반응은 식물뿐만 아니라 일상생활에서 얼마든지 찾아볼 수 있다. 가령 사진 필름은 표면에 처리된 화학물질이 빛과 광화학반응을 일으켜 영상을 만들어 낸다.

지구를 둘러싼 대기층의 상층부에서도 광화학반응이 일어나고 있다. 이곳에서는 햇빛이 산소 분자에 작용해 원자 상태의 산소인 오존이 만들

태양 건조　빨래를 태양 빛에 널어놓으면 자외선의 광화학작용으로 하얗게 탈색된다. 흰 종이를 햇빛 아래에 두면 누렇게 변한다. 살갗이 햇빛에 노출되면 검게 변색한다. 이처럼 빛(주로 자외선)의 영향으로 일어나는 모든 화학반응을 광화학반응이라 한다.

어진다. 오존은 태양에서 오는 자외선을 흡수하는 성질이 있다. 대기층 상부에 오존이 없다면 지표면에 강한 자외선이 도달해 생물의 생존에 영향을 줄 것이며 피부암 환자도 늘어날 것이다.

111
식물의 잎에서는 어떤 광화학반응이 일어날까?

영국의 화학자 조셉 프리스틀리(Joseph Priestly, 1733~1804)는 최초로 광합성 연구를 수행한 과학자다. 그는 1771년 밀폐된 용기에 촛불을 켜두면 산소가 없어지면서 얼마 안 가 저절로 불이 꺼지지만, 식물을 함께 넣어두면 촛불이 꺼지지 않고 계속 불을 밝히는 것을 관찰하고 식물에서 산소가 방출된다는 사실을 발견했다.

바다와 호수에 사는 단세포 식물과 해조류(해초)도 광합성을 한다. 광합성은 세포 안에 흩어져 있는 입자인 엽록체에서 일어난다. 엽록체를 전자현미경으로 관찰하면 엽록소라는 색소 분자가 보이는데, 광합성은 이 엽록소의 반응으로 일어난다.

물은 화학적으로 산소(O)와 수소(H)로 구성되어 있다. 엽록체는 빛 에너지를 이용해 물을 산소와 수소로 분해하고, 잎의 숨구멍으로 들어온 이산화탄소를 수소와 결합시켜 탄수화물(전분, 당분)을 만든다. 이 화학반응의 결과로 산소는 잎 밖으로 배출된다.

미국의 과학자 멜빈 캘빈(Melvin Ellis Calvin, 1911~1997)은 잎에서 물과 이산화탄소가 결합해 전분이 만들어지기까지의 화학변화 과정을 처음으로 밝혀내 1961년에 노벨 화학상을 수상하기도 했다.

112
광생물학은 무엇을 연구할까?

빛에 대한 연구 분야는 크게 3가지로 나뉜다. 광학은 빛이 생기는 원인, 빛의 물리적 성질, 빛이 일으키는 각종 현상, 빛을 이용한 광학 장치(현미경, 망원경, 카메라 등)에 대해 연구하는 물리학의 한 분야다.

광화학은 빛의 에너지가 각종 물질에 작용하면서 일으키는 화학적 현상, 즉 빛이 감광물질에 미치는 영향이나 파장에 따른 빛의 화학적 성질, 빛을 받으면 전기가 생기는 광전지 및 광합성을 연구하는 분야다.

광학 및 광화학과 마찬가지로 중요한 연구가 광생물학이다. 이는 빛이 동식물의 생장, 꽃 피우기, 씨 맺기 등에 미치는 영향을 연구하는 분야다. 식물은 빛을 향해 자라는 굴광성(屈光性)을 지닌다. 어떤 식물은 햇빛이 오래 비치는 시간이 긴 계절에만 꽃을 피운다. 이 현상을 연구하는 분야가 바로 광생물학이다.

농작물과 꽃, 수목 등이 잘 자라게 하는 빛의 조건을 연구하는 광생물학은 농업기술 발전에 특히 중요하다. 또한 먼 미래에 우주선에서도 농작물을 효과적으로 키울 수 있으려면 광생물학을 알아둬야 한다.

광학은 세 분야가 떼려야 뗄 수 없는 관계를 맺고 있다. 오늘날 과학기술은 다양한 인접 학문을 이해하고 경계를 허물고 융합하고 응용해야 발전할 수 있다.

113

식물의 잎은 왜 주로 녹색일까?

식물의 잎이 녹색으로 보이는 이유를 물리학(광학)의 관점으로 설명하면 다른 색은 흡수하고 녹색 빛만 반사하기(또는 투과하기) 때문이다. 식물의 잎 세포 속에는 광합성을 하는 엽록체가 있다. 잎사귀가 녹색을 띠는 이유는 바로 엽록체의 색소(엽록소) 때문이다. 엽록소는 흰색의 태양 빛을 받아 그중에서도 광합성에 도움이 되는 보랏빛과 붉은빛을 주로 흡수하고, 필요성이 떨어지는 나머지 빛(주로 녹색)은 반사하거나 투과한다.

다시 말해 식물이 광합성을 하는 데는 녹색 빛이 별로 도움이 되지 않는다. 반대로 인간의 눈은 녹색을 편안한 빛으로 느껴 녹색의 신록이 우거진 자연의 정취를 즐긴다.

낙엽은 왜 노란색이나 붉은색으로 변할까?

추운 계절이 가까워지면 식물은 겨울 준비를 시작한다. 잎은 봄부터 하던 광합성을 멈추고 잎에 있던 영양분을 가지나 줄기 또는 뿌리나 열매로 보내 저장한다. 그러면 잎으로 가는 물이 공급되지 않아 잎은 마르고 차츰 가지에서 떨어지게 된다.

식물의 잎 세포에는 엽록소 외에 노란색과 주황색의 '카로틴'이라는 색소도 있다. 당근이나 토마토에도 카로틴이 있다. 엽록소가 많을 때는 카로

낙엽수 겨울 준비가 시작되면 엽록소는 더 이상 만들어지지 않고 점차 없어진다. 그러면 녹색이 옅어지면서 잎에 포함돼 있던 다른 색소가 드러나게 된다. 이 색소가 낙엽의 색깔이다.

틴이 있어도 녹색에 가려 잘 보이지 않는다.

단풍잎에는 붉은색의 '안토시아닌(anthocyanin)'이라는 색소도 생겨난다. 그리스어 anthos(꽃)과 kyanos(청색)에서 부분적으로 명칭을 따온 이 색소는 빨간 무, 붉은 양배추, 장미, 제라늄 등의 붉은 빛과 보라색, 청색을 만들어 낸다. 안토시아닌은 화학적 화합물이지만 주변의 산성도(pH)에 따라 붉은색, 보라색, 청색으로 나타난다.

안토시아닌 색소는 주로 꽃과 열매의 색을 만들기 때문에 가을이 오기 전에는 잎에 거의 드러나지 않는다. 하지만 기온이 0℃에 가까워지면서부터 잎에도 생성돼 붉은색 단풍잎으로 변한다.

115

은행나무 잎은 왜 노랗게 물들까?

가을이 오면 은행나무가 노란색으로 물든다. 은행나무 잎의 황색은 '플라보노이드(flavonoid)'라 불리는 화합물에서 나오는 색이다. 플라보노이드는 '노란색'을 의미하는 라틴어 flavus에서 따온 말이다.

여름철에는 녹색을 내는 엽록소와 플라보노이드가 은행잎의 세포액에 녹아 있다. 여름철에는 초록색이 워낙 강해 노란색은 거의 드러나지 않는다.

플라보노이드는 빛을 흡수해 광합성에 필요한 에너지를 전달하는 역할을 하며, 엽록소 분자가 강한 햇빛에 파괴되는 것을 막아주기도 한다. 가을이 와 기온이 내려가면 저온에 약한 엽록소 분자가 파괴되면서 녹색을 잃는다. 이때부터 엽록소의 진한 녹색은 퇴색하고 가려져 있던 노란색이 드러난다.

자외선은 왜 피부를 태울까?

자외선에 사진 필름이 감광되는 것은 자외선의 광화학작용 때문이다. 강한 자외선은 피부 세포의 DNA에 피해를 주어 암세포를 발생시키기도 하고 세포를 죽인다. 피부가 갈색으로 변하는 것은 세포 자체가 손상을 입은 결과다. 다행히 손상된 피부 세포는 벗겨진 다음 재생한다.

자외선에 민감한 정도는 개인차가 크다. 검은 피부에는 멜라닌 색소가 많다. 멜라닌 색소는 자외선을 상당 부분 흡수하므로 피부를 크게 손상시키지 않는다. 하지만 맨살을 드러내고 15분 정도 햇볕을 쬐면 피부에 물집이 생길 수 있다. 이는 화상을 입은 것과 마찬가지로 세균 감염을 일으키므로 몸에서 열이 날 수 있으며 아기라면 고열로 경련까지 할 수 있다.

자외선 크림은 왜 피부가 타는 것을 막아줄까?

여름에는 햇볕에 피부가 타지 않도록 자외선 크림(UV lotion)을 바른다. 갑자기 햇볕에 맨살을 노출하면 피부가 붉어지는 것을 넘어 화상을 입어 물집까지 생기는 경우가 있다.

태양에 일부러 피부를 노출해 갈색으로 변색시키는 것을 '선탠(suntan)'이라고 하는데, tan은 '갈색, 태우다'를 뜻한다. 피부색을 갈변시키는 것은 주로 자외선이다. 햇볕에 피부가 심하게 손상되는 것을 '자외선 화상'이라고도 한다.

자외선 크림 성분 중에는 이산화타이타늄(TiO_2)과 산화아연(ZO) 나노입자가 포함돼 있다. 100nm보다 작은 이

선크림　아기 피부는 자외선에 약하기 때문에 선크림을 바르더라도 되도록 그늘에서 지내야 안전하다.

입자가 자외선의 피해를 막아주는 것이다. 이산화타이타늄 입자는 크기가 5~50nm로, 자외선을 산란시켜 침투를 최대한 막는다. 한편 산화아연 미립자는 자외선을 흡수하는 성질이 있다. 하지만 이 입자들은 가시광선을 그대로 투과시킨다.

118
밤에 플래시를 써서 인물사진을 찍으면 왜 동공이 붉게 나올까?

사자눈 야간에 동물의 눈을 촬영해도 붉게 나타난다. 어둠 속에 있는 동물에 빛을 비추면 눈이 유난히 밝게 또는 붉게 보이는 이유는 전등 불빛이 안구 표면과 망막에서 반사돼 나오기 때문이다.

플래시는 주로 어두운 곳에서 사진을 찍을 때 사용한다. 인간의 눈동자는 밝은 곳에서는 동공이 좁아지고 어두운 곳에서는 커진다. 야간에는 동공이 크게 열려 있는 상태다. 따라서 플래시를 터뜨려 사진을 찍으면 밝은 빛이 동공으로 들어가 망막에서 반사돼 나온다. 망막은 모세혈관으로 덮여 있어 사진상 눈동자가 붉게 찍히는 것을 '붉은 눈'이라 한다.

밝은 곳에서는 동공이 좁아져 망막으로 들어갔다가 반사돼 나오는 빛이 적어 붉은 눈 현상이 나타나지 않는다.

디지털카메라에서는 이 붉은 눈을 보정하는 몇 가지 방법을 쓴다. 그중

흔한 방식은 플래시가 터지기 전에 작은 플래시를 미리 켜 저절로 동공이 좁아지도록 한 뒤 진짜 플래시를 터뜨려 사진을 찍는 것이다. 또한 플래시를 한 번에 터뜨리지 않고 순간적으로 5~6차례 동작시키는 방법도 있다.

119

무성한 잎 사이로 비치는 햇살은 왜 부챗살 모양으로 퍼질까?

햇빛이 밝게 비치는 날 숲길을 거닐다 보면 짙은 나뭇잎 사이로 비치는 햇살이 유난히 눈부시게 느껴진다. 아침저녁에 동쪽이나 서쪽 하늘의 태양을 구름이 가리면 구름 틈새로 밝은 햇살이 부챗살처럼 비치는 아름다운 광경도 흔히 보인다.

숲의 햇살 숲속에 비치는 아침 햇살은 유난히 밝은 부챗살처럼 보인다.

검은 종이에 송곳으로 작은 구멍을 뚫고 그 구멍 속으로 전등 불빛이나 자동차 전조등을 바라보면 구멍을 지나온 빛이 부챗살처럼 퍼지는 것을 볼 수 있다. 이는 좁은 구멍을 지나온 빛의 파가 회절하고 간섭한 결과 훨씬 밝아진 빛살이 여러 가닥 생겨났기 때문이다.

120
어둠 속에서 흑과 백을 보는 것은 왜 중요할까?

인간의 눈은 물체의 모양과 색을 구별하는 가장 중요한 감각기관 중 하나다. 인간은 모든 정보의 80% 이상을 시각을 통해 얻는다.

인간의 눈이 구별하는 색은 수천 가지다. 안구 맨 안쪽의 망막에 있는 신경세포(시세포, photoreceptor)는 모양과 색을 순간적으로 감각한다. 시세포는 여러 층(약 10층)으로 이루어져 있으며, 막대형과 원추형으로 나뉜다. 막대상 시세포(cone, 간상세포)는 검은색과 흰색, 즉 어둠과 밝음을 잘 감각하고, 원추상 시세포(rod, 원추세포)는 색을 잘 판단한다.

세상 만물이 흑백으로만 보인다면 대자연이 아름다워 보이지 않을 것이다. 색을 감각하는 것은 원추형 세포다. 원추세포는 각기 적색, 녹색, 청색 빛을 감각하는 세 가지 세포로 이루어져 있으며, 각각의 원추세포가 감각한 색을 뇌가 종합해 수많은 종류의 색을 판별한다. 하지만 원추세포는 흑백도 감각한다.

인류가 불이나 빛을 사용한 역사는 그리 오래되지 않았다. 따라서 인간의 눈은 긴 밤의 어둠 속에서 물체를 분간하는 능력이 생존에 무엇보다

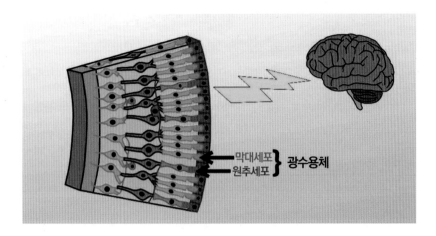

막대세포 시세포 중 색을 감각하는 세포는 원추세포(보라색)이고, 흑백을 감각하는 세포는 그보다 훨씬 많은 막대세포(연두색)다.

중요했을 것이다. 인간의 망막에 원추세포(600만 개 이상)보다 막대세포(1억 2,500만 개 이상)가 훨씬 더 많은 이유도 그 때문이다.

밝은 곳에 있다가 컴컴한 영화관에 들어가면 초반 한동안은 칠흑같이 어둡게 느껴지다가 얼마 지나서야 서서히 보이기 시작한다. 막대세포가 제 역할을 하는 것이다. 비타민A가 부족하면 야간에 사물이 잘 보이지 않는 야맹증이 생긴다. 인간의 눈은 광자 1개의 빛에 반응할 정도로 민감하다고 한다.

121

스마트폰을 장시간 보면 눈이 나빠질까?

안구 전체를 전면(외부)에서 안전하게 보호해 주는 부분은 각막(角膜)이다. 외부에서 눈으로 들어오는 빛은 각막을 지나 그 아래에 있는 투명하고 유연한 수정체를 통과하면서 초점이 맞추어진 상태로 안구 내부를 가득 채운 투명한 액체 속을 지나 제일 안쪽에 있는 벽(망막)으로 간다.

주변이 밝으면 동공이 좁아지고 어두우면 동공이 크게 열린다. 이 개폐 작용이 재빠르게 일어나는 것은 망막세포에 분포하고 있는 멜라놉신 강글리언 세포 덕이다. 이 세포는 망막에 도달하는 빛의 양을 탐지해 그 정보를

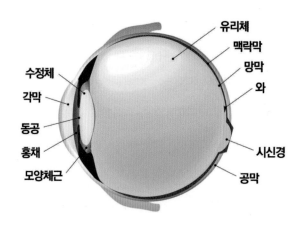

인간의 눈 안구 안쪽의 벽이 망막이다. 망막은 빛에 민감하게 반응하는 수백만 개의 감각세포로 덮여 있으며, 감각세포가 집중적으로 모인 곳을 '중심와中心窩'라고 한다. 와窩는 '가득 모여 우묵하다'라는 뜻이다. 인간의 눈이 천연색을 선명하게 감각할 수 있는 이유는 중심와에 원추세포가 집중돼 있기 때문이다.

뇌로 보내고, 뇌는 곧 홍채 주변의 근육을 움직여 동공의 크기를 조정한다.

스마트폰과 컴퓨터를 장시간 사용하는 현대인들은 눈을 혹사하고 있다. 사용 시간을 줄이고 눈이 휴식을 취할 수 있게 해야 한다. 충혈, 이물감, 눈곱 등의 작은 이상이 나타나면 진료를 받는 것이 좋다. 특히 중년 이후부터는 눈이 빨리 피로해지고 눈병이 쉽게 생긴다.

122
역사상 가장 위대한 빛 연구자는 누굴까?

영국의 시인 포프(Alexander Pope, 1688~1744)는 뉴턴에 대해 이런 시를 남겼다. "자연과 자연의 법칙은 밤의 어둠에 감추어져 있었다. 하느님께서 말씀하셨다. 뉴턴이 있어라! 그러자 온 누리가 낮처럼 밝아졌다." 위대한 과학자 아인슈타인은 생전 자신의 연구실에 패러데이, 맥스웰과 함께 뉴턴 사진을 걸어 두기도 했다.

영국의 위대한 과학자 아이작 뉴턴은 갈릴레오가 타계한 그해 크리스마스(오늘날의 달력으로 1643년 1월 4일)에 링컨셔 그랜탐 근처 작은 마을인 울즈소프의 소지주 집안에서 미숙아로 태어났다. 산모와 함께 생사의 기로를 넘나들었지만 주위 사람들의 정성스런 간호로 겨우 소생했다.

소년 뉴턴은 불행했다. 아버지는 물려받은 농지에 의지해 살아가는 소농으로 살다 그가 태어나기 3개월 전에 폐렴으로 세상을 떠났다. 뉴턴이 세 살 되던 해 어머니가 이웃 동네의 목사와 재혼하면서 외할머니와 함께 울즈소프에서 생활했고 숙부가 관리하는 농장의 수입과 의붓아버지의 송

금으로 살아갔다. 어머니와 의붓아버지 사이에 1남 2녀가 탄생했지만 얼마 지나지 않아 의붓아버지가 세상을 떠나면서 어머니는 다시 울즈소프로 돌아왔다. 당시 뉴턴은 14세였다.

뉴턴은 라틴어와 그리스어를 가르치는 그랜탐 고등학교에 입학해 어느 약종상에서 하숙했다. 그는 수줍어하는 성격에 학교 성적은 좋지 못했다. 공부보다 연이나 풍차, 물레방아 등을 만드는 데 열중했고 손재주가 남달리 뛰어났다.

뉴턴은 함께 살게 된 의붓동생들과 사이좋게 지냈다. 그는 졸업 후 상급학교에 진학하고 싶었지만 집안 어른들은 농사를 권유했다. 효성이 깊은 그는 학업을 중단하고 일손이 부족한 고향에 돌아와 농부가 되었다. 하지만 다른 꿈을 품고 있었기에 농사에 전념할 수 없었다. 주말에 열리는 장날이면 시장에 채소를 팔러 나갔지만 판매는 하인에게 맡기고 학생 시절 하숙했던 약방에 찾아가 독서에 탐닉했다.

뉴턴은 중학교 교장과 하숙집 주인 그리고 숙부의 도움으로 19세 때 심부름꾼으로 학비를 마련하는 시간제 학생으로 케임브리지 트리니티 대학(Trinity College)에 입학했다. 처음 2년은 철학·기하학 등 기초과학을 공부했고 코페르니쿠스의 이론을 배운 뒤부터 천문학에 흥미를 갖기 시작했다. 특히 갈릴레오의 저서 〈천문대화〉에 깊이 빠졌다.

1665년(23세) 대학을 졸업한 그는 연구실에 남았다. 그 해부터 이듬해에 걸쳐 런던에 페스트가 크게 유행하면서 휴교하자 고향 울즈소프에서 지냈다. 그곳에서 뉴턴은 미적분, 광학, 중력의 법칙을 연구했다. 어느 날 나무에서 사과가 떨어지는 것을 보고 사과를 아래로 끄는 힘이 왜 하늘의 달은 끌어당기지 않는지 궁금해하기 시작했다.

뉴턴은 1665년부터 2년에 걸쳐 빛에 관한 놀라운 실험을 했다. 케플러의 저서를 읽고 빛에 대해 흥미를 느낀 그는 어두운 방에 좁은 틈으로 들어오는 빛을 스크린에 비쳤을 때 빛이 굴절하는 현상을 확인했다. 당대인들은 프리즘을 지나온 빛이 무지개처럼 여러 색깔을 보이는 이유가 '빛이 프리즘을 통과할 때 프리즘 안에서 다양한 색이 만들어지는 것'으로 생각했다. 뉴턴은 애초 백색(투명) 광선 속에 여러 색깔이 조합돼 있다는 사실을 밝혀냈다.

정밀한 프리즘 실험으로 뉴턴은 명성을 떨쳤다. 1669년 27세의 나이로 아이작 배로우(Isaac Barrow, 1630~1677) 교수에 뒤이어 케임브리지 대학의 영예로운 '루카스 수학교수'가 되었다. 루카스 수학교수로 선임된 유명한 수학자로는 배로우와 뉴턴 외에 조셉 라모어(Joseph Lamor, 1857~1942), 찰스 배비지(Charles Babbage, 1791~1871), 조지 스토크스(George Stokes, 1819~1903), 폴 디랙(Paul Dirac, 1902~1984), 스티븐 호킹 등이 있다.

뉴턴은 1672년에 영국 왕립학회 회원으로 선출되었다. 1660년 찰스 2세 때 설립된 이 학회는 영국에서 가장 영예로운 과학자들의 모임이다. 왕립학회 회원이 되면 이름에 공식적으로 '왕립학회 회원'이라는 뜻의 FRS(Fellow of Royal Society)가 붙는다. 뉴턴은 이 학회에 색과 빛에 관한 실험 결과를 보고했고 빛의 본성은 입자라는 입자설을 정립했다.

왕립학회 회원인 로버트 훅(Robert Hooke, 1635~1703)과 네덜란드의 하위헌스는 빛을 파동이라고 주장하면서 이 문제를 둘러싸고 큰 논쟁을 빚기도 했다.

뉴턴은 빛이 프리즘이나 렌즈를 통과할 때 분광이 생기지 않는 방법을 궁리했다. 망원경의 배율이 커질수록 렌즈의 가장자리에 특히 붉은색이

나타나 천체의 상이 희미해졌기 때문이다(색수차 현상). 그는 1668년 오목
거울로 빛을 모아 색수차가 나타나지 않는 반사망원경을 개발하기에 이르
렀다.

반사망원경은 굴절망원경과 비교할 때 두 가지 장점이 있었다. 빛이 렌
즈를 직접 통과하지 않고 오목거울에 반사된 뒤에 접안렌즈를 통과하므로
대물렌즈에 의한 빛의 흡수가 적고 색수차 현상이 일어나지 않는다는 것
이다. 따라서 반사망원경은 천체 관측에 매우 유리했다.

그가 처음 만든 반사망원경은 직경 2.5cm , 길이 15cm로 흡사 장난감
같았지만 배율은 30~40배에 달했다. 1671년에는 이보다 더 큰 망원경을
개발했고 찰스 2세 왕에게 보인 뒤 왕립학회에 기증했다.

뉴턴과 독일의 수학자 고트프리트 빌헬름 라이프니츠(Gottfried
Wilhelm Leibniz, 1646~1716)는 그와 거의 같은 시기에 미적분학을 창시했
다. 같은 주제를 연구해 온 두 사람은 수년간 우정을 나누었다. 하지만 각

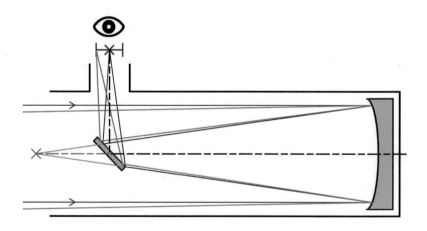

반사망원경 뉴턴이 왕립학회에 기증한 반사망원경의 원리.

자 명성이 높아지면서 애국심 경쟁이 일어나 미적분학 연구의 선취권(先取權)을 다투게 되었다. 두 수학자 모두 뛰어난 지능의 소유자였으며 미적분학은 이미 널리 알려져 있었기 때문에 둘 다 동등한 기여자로 여겨졌다.

왕립학회는 만유인력의 수학적 증명에 관한 뉴턴의 논문을 학회 비용으로 출판할 것을 결의하고 왕립학회 회원인 천문학자 에드먼드 핼리(Edmond Halley, 1656~1742)를 출판 책임자로 임명했다. 이에 훅이 반발하자 핼리는 그 사정을 뉴턴에게 알렸다.

1687년 핼리는 사비로 뉴턴의 저서 〈자연철학의 수학적 원리〉, 약칭 〈프린키피아〉를 출판했다. 역사상 최고의 과학책이 된 이 책은 '과학의 성서'로 불렸다.

하지만 뉴턴의 저서가 나오기까지 많은 우여곡절을 겪어야 했다. 출판을 맡았던 왕립학회는 자금이 부족했고, 뉴턴은 훅과 만유인력 문제로 논쟁을 벌여야 했다. 결국 자존심을 버린 그는 몇몇 결론을 훅이 이끌어 냈다는 내용을 덧붙이겠다고 약속했지만 왕립학회는 복잡한 논쟁에 말려들지 않기 위해 출판을 포기하고 말았다. 다행히 부자였던 핼리가 출판 비용을 부담해 빛을 보게 된 것이다.

그의 책은 운동역학의 기초 원리, 중력, 천문학, 조석(潮汐) 이론 등을 다루고 있다. 그는 갈릴레이의 운동이론을 관성의 법칙, 가속도의 법칙, 작용 반작용의 법칙을 정리했고 만유인력의 법칙을 논하며 물리학 법칙들을 이용해 지구와 달의 인력을 계산하는 방법을 알아냈다. 인력이 두 물체의 질량의 곱에 비례하고 거리의 제곱에 반비례한다는 것을 밝혀낸 것이다.

뉴턴은 뛰어난 직관력으로 이 법칙이 우주의 모든 물체 사이에서 작용한다고 보고 '만유(萬有)인력의 법칙'이라 불렸다. 이는 당시에 알려진 천체의 운동을 전부 설명할 수 있는 완벽한 법칙이었다. 케플러의 법칙과 함께 지구 자전축의 세차(歲差)운동도 설명할 수 있었다. 천체가 불규칙적인 운동을 하는 것은 태양의 커다란 인력과 각 천체 사이의 인력이 작용한 결과라는 사실을 알아낸 것이다.

그의 저서는 가설의 물리학을 원리의 물리학으로 체계화한 책이었으며 1세기 반 전 코페르니쿠스에서 시작된 과학혁명의 절정을 장식했다. 그 매우 단순한 원리를 수학적으로 전개해 유럽 학자들의 존경을 받게 되었다.

뉴턴은 정치에도 관심이 있었다. 1696년(54세)에 뉴턴은 대학 친구이자 당시 재무장관이었던 몬태규의 추천으로 왕립 조폐국의 감사로 취임했다. 당시 영국에서는 조폐 기술이 뒤진 탓에 주화(鑄貨) 가장자리가 깎여나가 무게가 줄어든 은화가 유통되고 있었다. 뉴턴의 임무는 주조(鑄造)를 기계화하고 품질관리가 편한 새로운 화폐를 만드는 것이었다. 야금학과 화학에 밝으면서 행정 능력도 뛰어났던 그는 이 임무를 성공적으로 수행해 3년 후 조폐국장 자리에 올랐다.

1703년 왕립학회 회장으로 선출된 그는 4반세기 동안 회장직을 지켰고, 1705년 앤 여왕이 케임브리지 대학을 방문했을 때 기사 작위를 수여받았다. 뉴턴과 같은 영예를 얻은 과학자는 그로부터 1세기 후에 등장한 화학자 데이비가 처음이었다. 젊어서부터 영예로운 인생을 살아온 뉴턴은 신장결석으로 1727년 3월 20일 84세로 생을 마감했다.

생전에 뉴턴만큼 많은 존경을 받았던 과학자는 그 이후에도(아인슈타인을 제외하고), 그 이전에도(아르키메데스를 제외하고) 없을 것이라고 흔히 전해진다. 그의 유해는 영국의 영웅들과 나란히 웨스터민스터 성당에 묻혀 있다. 그가 남긴 다음 교훈은 유명하다.

"내가 다른 사람보다 멀리 볼 수 있었던 것은 거인들의 어깨 위에 서 있었기 때문이다. 세상 사람들 눈에는 어떻게 보일지 모르지만, 나는 해변에서 더 매끈한 조약돌이나 아름다운 조개껍데기를 찾으려고 여기저기 돌아다니는 소년과도 같다. 내 눈앞에는 미지의 진리가 가득한 대양이 놓여 있다."